章・節	項目	学習日 月／日	問題番号＆チェック	メモ	検印
2章2節	1	／	72　73		
	2	／	74　75		
	3	／	76　77　78		
	4	／	79　80　81		
	5	／	82　83		
	6	／	84		
	ステップアップ	／	練習 15　16　17 18　19　20		
3章1節	1	／	85　86　87　88　89		
	2	／	90　91　92　93		
	3	／	94　95　96		
	4	／	97　98　99		
	5	／	100　101　102		
3章2節	1	／	103　104　105		
	2	／	106　107		
	3	／	108　109		
	4	／	110　111		
	ステップアップ	／	練習 21　22　23　24　25		
4章1節	1	／	112　113　114　115 116		
	2	／	117　118　119　120		
	3	／	121　122　123		
5章1節	1	／	124　125		
	2	／	126　127　128		
	3	／	129		
	4	／	130		
	5	／	131		
	ステップアップ	／	練習 26　27		

○：正解した，理解できた　　△：正解したが自信がない　　×：間違えた，よくわからなかった

基本事項のまとめ

積の符号

- $(+)\times(+)=(+)$　例　$2\times3=6$
- $(-)\times(-)=(+)$　例　$(-2)\times(-3)=6$
- $(+)\times(-)=(-)$　例　$2\times(-3)=-6$
- $(-)\times(+)=(-)$　例　$(-2)\times3=-6$

計算の順序

- 乗法(×)，除法(÷)は，加法(＋)，減法(－)より先に計算する。

例　$7+4\times3-6\div2=7+12-3=16$

- かっこがあるときは，かっこの中を先に計算する。

例　$7+5\times(3-2)=7+5\times1=7+5=12$

等式の性質

$a=b$ ならば，次の等式が成り立つ。

$$a+c=b+c$$
$$a-c=b-c$$
$$ac=bc$$
$$\frac{a}{c}=\frac{b}{c}\quad(c\neq0)$$

座標平面

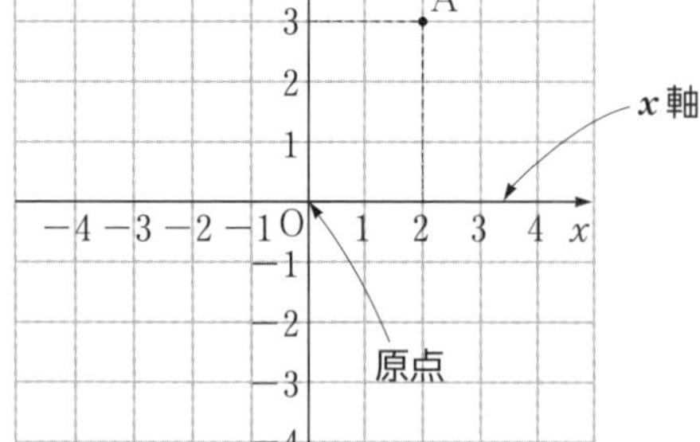

点Aの座標　A(2, 3)
x座標　y座標

1次関数 $y=ax+b$ のグラフ

傾きが a，切片が b の直線

① $a>0$ のとき
グラフは右上がりの直線

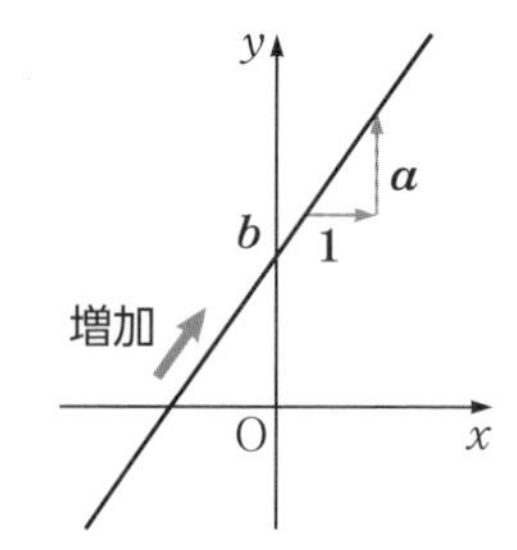

② $a<0$ のとき
グラフは右下がりの直線

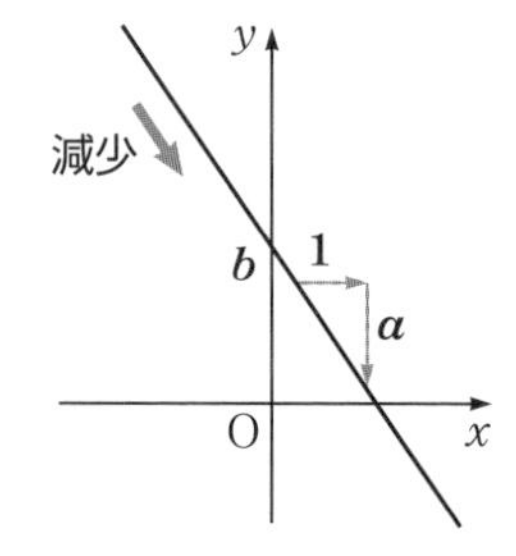

鋭角・直角・鈍角

- 鋭角…0° より大きく 90° より小さい角
- 鈍角…90° より大きく 180° より小さい角

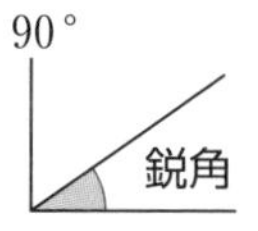

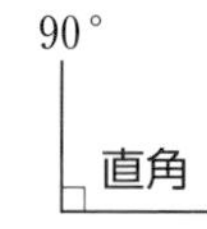

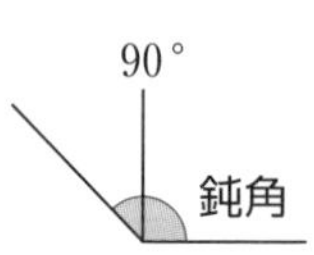

- 鋭角三角形… 3 つの内角がすべて鋭角
- 直角三角形… 1 つの内角が直角
- 鈍角三角形… 1 つの内角が鈍角

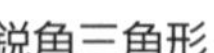
鋭角三角形

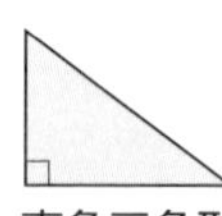
直角三角形

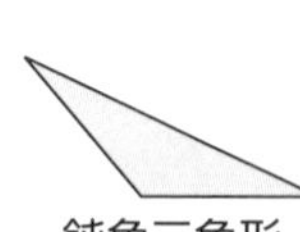
鈍角三角形

三平方の定理

直角三角形の直角をはさむ2辺の長さを a，b，斜辺の長さを c とすると

$$a^2+b^2=c^2$$

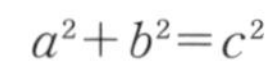

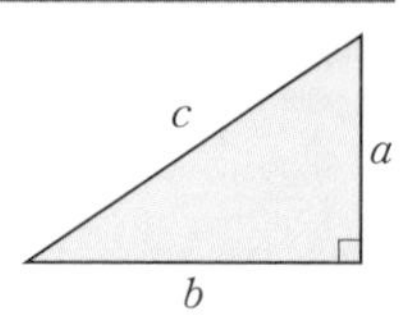

もくじ contents

1章 数と式

2章 2次関数

3章 図形と計量

4章 集合と論理

5章 データの分析

問題総数 445題

例 116題，基本問題 188題，標準問題 74題，
考えてみよう 13題，例題 27題，練習 27題

この問題集で学習するみなさんへ

本書は，教科書「新編数学Ⅰ」に内容や配列を合わせてつくられた問題集です。教科書の完全な理解と，技能の定着をはかることをねらいとし，基本事項から段階的に学習を進められる展開にしました。また，類似問題の反復練習によって，着実に内容を理解できるようにしました。

学習項目は，教科書の配列をもとに内容を細かく分けています。また，各項目の構成要素は以下の通りです。

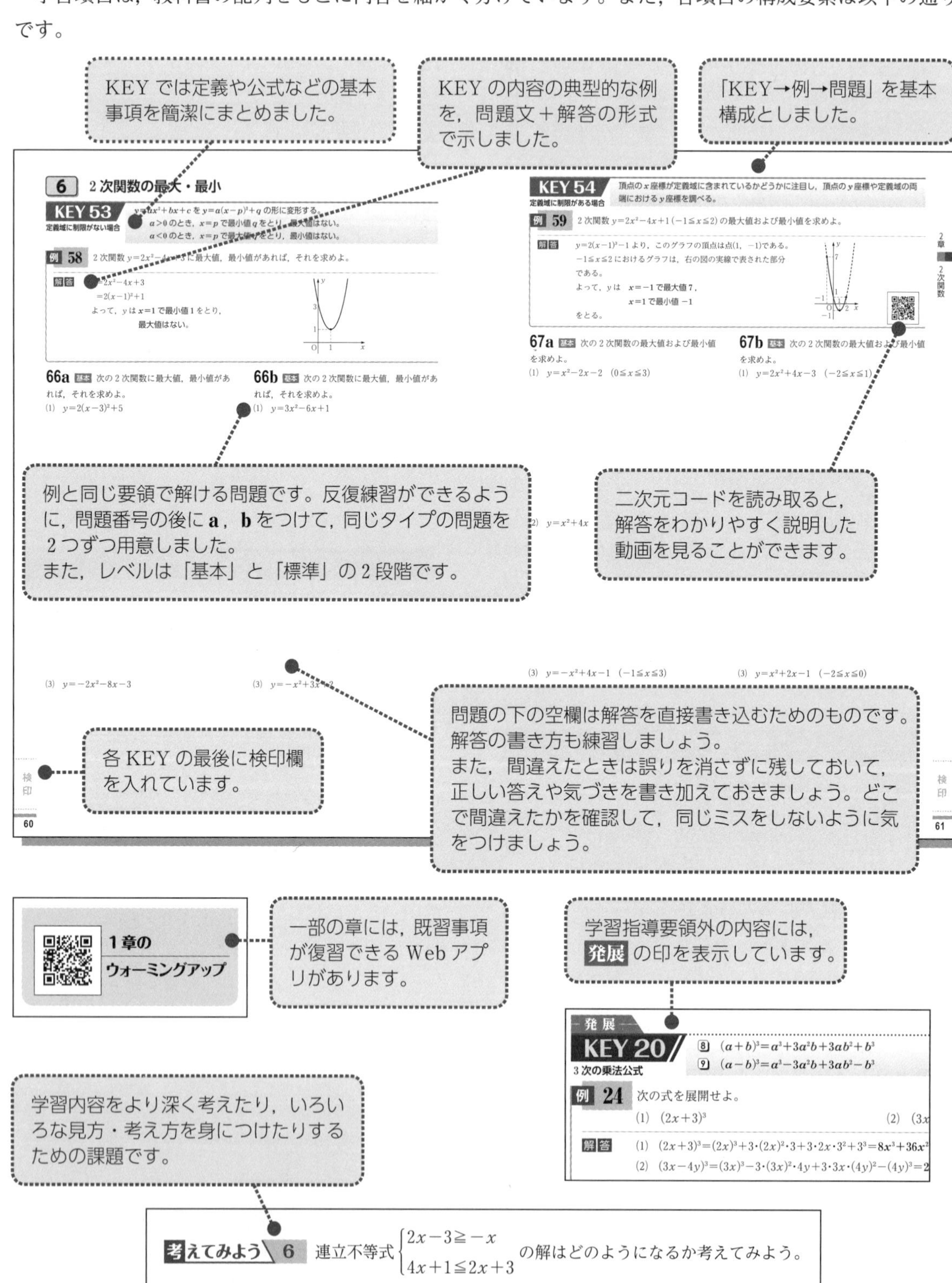

節末には，ややレベルの高い内容を扱った「ステップアップ」があります。例題のガイドと解答をよく読んで理解しましょう。

解説動画がついた例題もあるので，利用してみましょう。

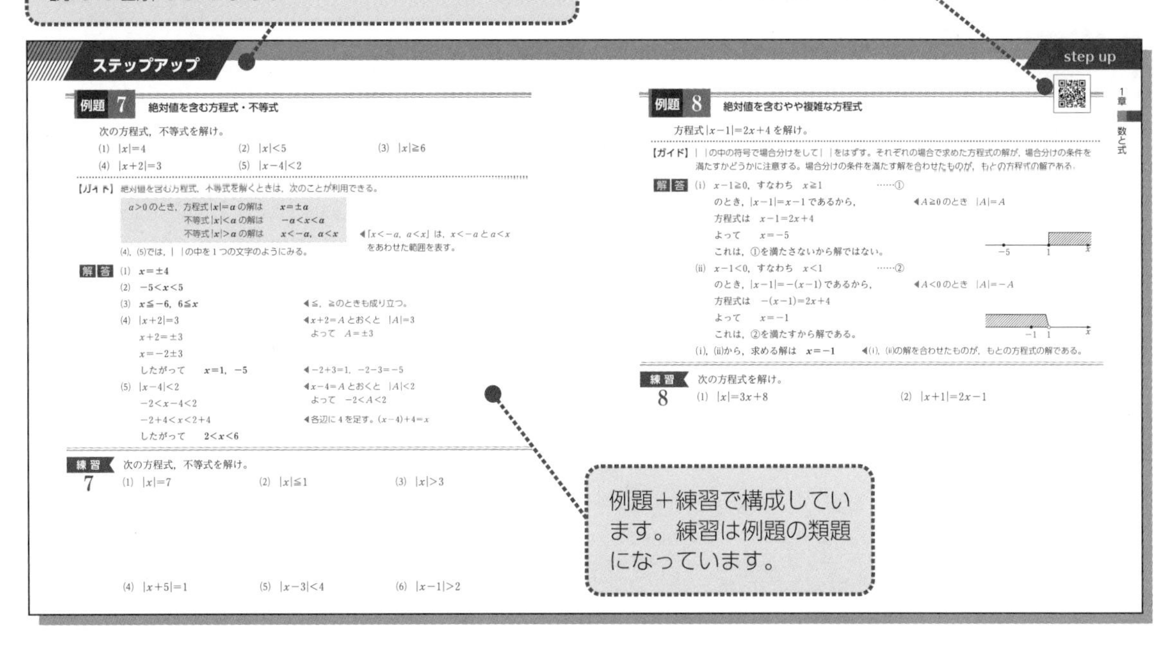
ステップアップ　　step up

例題 7　絶対値を含む方程式・不等式

次の方程式，不等式を解け。

(1) $|x|=4$　(2) $|x|<5$　(3) $|x|\geqq 6$

(4) $|x+2|=3$　(5) $|x-4|<2$

【ガイド】絶対値を含む方程式，不等式を解くときは，次のことが利用できる。

$a>0$ のとき，方程式 $|x|=a$ の解は　$x=\pm a$

不等式 $|x|<a$ の解は　$-a<x<a$

不等式 $|x|>a$ の解は　$x<-a,\ a<x$

◀「$x<-a,\ a<x$」は，$x<-a$ と $a<x$ をあわせた範囲を表す。

(4)，(5)では，| |の中を1つの文字のようにみる。

解答 (1) $x=\pm 4$

(2) $-5<x<5$

(3) $x\leqq -6,\ 6\leqq x$　◀≦，≧のときも成り立つ。

(4) $|x+2|=3$　◀$x+2=A$ とおくと $|A|=3$　よって $A=\pm 3$

$x+2=\pm 3$

$x=-2\pm 3$

したがって　$x=1,\ -5$　◀$-2+3=1,\ -2-3=-5$

(5) $|x-4|<2$　◀$x-4=A$ とおくと $|A|<2$　よって $-2<A<2$

$-2<x-4<2$

$-2+4<x<2+4$　◀各辺に4を足す。$(x-4)+4=x$

したがって　$2<x<6$

練習 7　次の方程式，不等式を解け。

(1) $|x|=7$　(2) $|x|\leqq 1$　(3) $|x|>3$

(4) $|x+5|=1$　(5) $|x-3|<4$　(6) $|x-1|>2$

例題 8　絶対値を含むやや複雑な方程式

方程式 $|x-1|=2x+4$ を解け。

【ガイド】| |の中の符号で場合分けをして| |をはずす。それぞれの場合で求めた方程式の解が，場合分けの条件を満たすかどうかに注意する。場合分けの条件を満たす解を合わせたものが，もとの方程式の解である。

解答 (i) $x-1\geqq 0$，すなわち $x\geqq 1$　……①

のとき，$|x-1|=x-1$ であるから，　◀$A\geqq 0$ のとき $|A|=A$

方程式は　$x-1=2x+4$

よって　$x=-5$

これは，①を満たさないから解ではない。

(ii) $x-1<0$，すなわち $x<1$　……②

のとき，$|x-1|=-(x-1)$ であるから，　◀$A<0$ のとき $|A|=-A$

方程式は　$-(x-1)=2x+4$

よって　$x=-1$

これは，②を満たすから解である。

(i)，(ii)から，求める解は　$x=-1$　◀(i)，(ii)の解を合わせたものが，もとの方程式の解である。

練習 8　次の方程式を解け。

(1) $|x|=3x+8$　(2) $|x+1|=2x-1$

1章　数と式

巻末には略解があるので，自分で答え合わせができます。詳しい解答は別冊で扱っています。

また，巻頭にある「学習記録表」に学習の結果を記録して，見直しのときに利用しましょう。間違えたところや苦手なところを重点的に学習すれば，効率よく弱点を補うことができます。

学習記録表の使い方

●「学習日」の欄には，学習した日付を記入しましょう。

●「問題番号＆チェック」の欄には，以下の基準を参考に，問題番号に○，△，×をつけましょう。

　○：正解した，理解できた

　△：正解したが自信がない

　×：間違えた，よくわからなかった

●「メモ」の欄には，間違えたところや疑問に思ったことなどを書いておきましょう。復習のときは，ここに書いたことに気をつけながら学習しましょう。

●「検印」の欄は，先生の検印欄としてご利用いただけます。

◆学習支援サイト「プラスウェブ」のご案内

本書に掲載した二次元コードのコンテンツをパソコンで見る場合は，以下のURLからアクセスできます。

https://dg-w.jp/b/3470001

注意 コンテンツの利用に際しては，一般に，通信料が発生します。
先生や保護者の方の指示にしたがって利用してください。

1章のウォーミングアップ

1 整式

KEY 1 単項式の次数と係数

単項式…いくつかの文字や数の積として表される式
次数……掛けている文字の個数　　係数……数の部分

例 1 次の単項式の次数と係数を答えよ。

(1) $4x^2$　(2) $-a^3$　(3) $-5xy^2$

解答 (1) 次数は **2**，係数は **4**
(2) 次数は **3**，係数は **−1**
(3) 次数は **3**，係数は **−5**

$-5xy^2=-5\times x\times y\times y$（$-5$：係数，$x\times y\times y$：次数 3）

1a 基本 次の単項式の次数と係数を答えよ。

(1) $7x^4$

(2) $-\dfrac{4}{3}x^3$

(3) $6a^2b^3$

1b 基本 次の単項式の次数と係数を答えよ。

(1) $-5a^6$

(2) $\dfrac{5}{2}y$

(3) $-\dfrac{3}{4}x^3y^4$

例 2 次の単項式について，[ ]内の文字に着目したときの次数と係数を答えよ。

(1) $3x^2y$ $[x]$　(2) $5a^3xy^2$ $[a]$

解答 (1) 次数は **2**，係数は $\boldsymbol{3y}$
(2) 次数は **3**，係数は $\boldsymbol{5xy^2}$

◀着目した文字以外の文字は数と同じものとして扱う。

$3x^2y=3y\times x\times x$（$3y$：係数，$x\times x$：次数 2）

2a 基本 次の単項式について，[ ]内の文字に着目したときの次数と係数を答えよ。

(1) $-7xy$ $[y]$

(2) $6a^2x^3y$ $[x]$

2b 基本 次の単項式について，[ ]内の文字に着目したときの次数と係数を答えよ。

(1) $11x^2y^3$ $[x]$

(2) $\dfrac{1}{3}a^4xy^2$ $[a]$

検印

考えてみよう 1 **例 2**(2)について，着目する文字を変えると，次数と係数はどのようになるだろうか。次の[□]に着目する文字を a 以外で1つ選んで入れ，次数と係数を□の中に書き入れてみよう。

$5a^3xy^2$ は[　　]に着目すると，次数は［　　］，係数は［　　］

KEY 2

整式の整理
整式の次数

同類項……着目した文字の部分が同じである項
降べきの順に整理する……次数の高い項から順に並べ，整式の同類項をまとめること
整式の次数……同類項をまとめた整式において，各項の次数のうち最も高いもの
定数項……着目した文字を含まない項

例 3 次の整式を降べきの順に整理せよ。

(1) $x+5+3x$　　(2) $2-3x+x^2+3x+1-2x^2$

解答
(1) $x+5+3x=(x+3x)+5=(1+3)x+5=\mathbf{4x+5}$
(2) $2-3x+x^2+3x+1-2x^2=(x^2-2x^2)+(-3x+3x)+(2+1)$
$=(1-2)x^2+(-3+3)x+3=\mathbf{-x^2+3}$

3a 基本 次の整式を降べきの順に整理せよ。

(1) $7x+3x^2-5-4x$

(2) $6x-3x^2-4x-1+x^2-2x$

3b 基本 次の整式を降べきの順に整理せよ。

(1) $2x-5x-x^2+4+2x^2-8$

(2) $x^3+8-4x^2-x^3+7x^2+5x$

例 4 整式 $x^2+3xy-4-7x-2y$ について，次の文字に着目したときの次数と定数項を答えよ。

(1) x　　(2) y

解答
(1) x について降べきの順に整理すると　$x^2+(3y-7)x+(-2y-4)$
よって，次数は **2**，定数項は $\mathbf{-2y-4}$
(2) y について降べきの順に整理すると　$(3x-2)y+(x^2-7x-4)$
よって，次数は **1**，定数項は $\mathbf{x^2-7x-4}$

4a 基本 整式 $xy-7y^2+3x-4y+1$ について，次の文字に着目したときの次数と定数項を答えよ。

(1) x

(2) y

4b 基本 整式 $x^2+3y-7xy+x+2y^2-4$ について，次の文字に着目したときの次数と定数項を答えよ。

(1) x

(2) y

検印

2 整式の加法・減法

KEY 3
整式の加法・減法

① 符号に注意して(　)をはずす。
　+(　)のときはそのまま(　)を省く。−(　)のときは符号を変える。
② 同類項をまとめる。

例 5 $A=3x^2-7x+6$, $B=4x^2-8x-5$ のとき，次の式を計算せよ。
(1) $A+B$　　(2) $3A-B$

解答 (1) $A+B=(3x^2-7x+6)+(4x^2-8x-5)=3x^2-7x+6+4x^2-8x-5$
$=(3x^2+4x^2)+(-7x-8x)+(6-5)=\mathbf{7x^2-15x+1}$
(2) $3A-B=3(3x^2-7x+6)-(4x^2-8x-5)$
$=9x^2-21x+18-4x^2+8x+5$　◀符号に注意する。
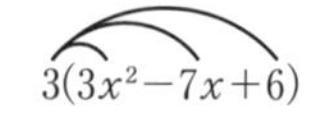
$=(9x^2-4x^2)+(-21x+8x)+(18+5)=\mathbf{5x^2-13x+23}$

5a 基本 次の整式 A, B について，和 $A+B$ と差 $A-B$ を計算せよ。
(1) $A=4x^2+9x+4$, $B=2x^2+5x+1$
(2) $A=3x^2-x+9$, $B=-x^2+3x-2$

5b 基本 次の整式 A, B について，和 $A+B$ と差 $A-B$ を計算せよ。
(1) $A=2x^2+5x-1$, $B=4x^2-7x-8$
(2) $A=3x^2+12$, $B=-6x^2+2x-5$

6a 基本 次の整式 A, B について，$A+3B$ と $2A-B$ を計算せよ。

$A=x^2+3x+6$, $B=2x^2+x-1$

6b 基本 次の整式 A, B について，$2A+3B$ と $3A-2B$ を計算せよ。

$A=3x^2-x+2$, $B=-x^2-2x-4$

例 6 $A=4x^2-3x+5$, $B=2x^2-8x+6$ のとき，$3A-B-(A+2B)$ を計算せよ。

解答 $3A-B-(A+2B)=3A-B-A-2B=2A-3B$　◀簡単にしてから代入する。

$=2(4x^2-3x+5)-3(2x^2-8x+6)$

$=8x^2-6x+10-6x^2+24x-18=\mathbf{2x^2+18x-8}$

7a 標準 $A=x^2+x-3$, $B=2x^2+3x-4$ のとき，$3(A-2B)+4B$ を計算せよ。

7b 標準 $A=2x^2+5x-1$, $B=x^2-6x+4$ のとき，$2A+B-(A-2B)$ を計算せよ。

検印

3 整式の乗法

KEY 4 指数法則

m, n を正の整数とする。

① $a^m \times a^n = a^{m+n}$　② $(a^m)^n = a^{mn}$　③ $(ab)^n = a^n b^n$

例 7 次の式を計算せよ。

(1) $3x^2 \times (-4x^5)$　(2) $(-2a^2b)^3$　(3) $-a^2b \times 3ab^2$

解答

(1) $3x^2 \times (-4x^5) = \{3 \times (-4)\} \times (x^2 \times x^5) = \boldsymbol{-12x^7}$

(2) $(-2a^2b)^3 = (-2)^3 \times (a^2)^3 \times b^3 = \boldsymbol{-8a^6b^3}$

(3) $-a^2b \times 3ab^2 = \{(-1) \times 3\} \times (a^2 \times a) \times (b \times b^2) = \boldsymbol{-3a^3b^3}$

◀係数，文字の部分の積をそれぞれ計算する。

8a 基本 次の式を計算せよ。

(1) $a^4 \times a^5$

(2) $(a^2)^5$

(3) $(ab)^3$

8b 基本 次の式を計算せよ。

(1) $x^5 \times x$

(2) $(x^4)^3$

(3) $(xy)^6$

9a 基本 次の式を計算せよ。

(1) $4x^3 \times 3x^2$

(2) $(-2x^4)^2$

(3) $(-2a^2b) \times 5a^3b^2$

9b 基本 次の式を計算せよ。

(1) $(-5x^3) \times 3x^5$

(2) $(-a^2b^3)^3$

(3) $(-2x^2)^3 \times (-xy^2)$

検印

KEY 5 分配法則による展開

分配法則　$A(B+C)=AB+AC$　　$(A+B)C=AC+BC$

例 8 次の式を展開せよ。

(1) $3x(2x^2+x-4)$　　(2) $(3x-2)(x^2-2x+3)$

解答

(1) $3x(2x^2+x-4)=3x\cdot 2x^2+3x\cdot x+3x\cdot(-4)=\mathbf{6x^3+3x^2-12x}$

◀記号・は，×と同様に掛け算を表す。

(2) $(3x-2)(x^2-2x+3)=3x(x^2-2x+3)-2(x^2-2x+3)$

$=3x^3-6x^2+9x-2x^2+4x-6=\mathbf{3x^3-8x^2+13x-6}$

10a 基本 次の式を展開せよ。

(1) $3x(2x^2-5x+4)$

(2) $(x^2-7x+3)\times(-4x)$

10b 基本 次の式を展開せよ。

(1) $-2x(x^2+3x-5)$

(2) $(2x^2+xy+7y^2)\times 2x^2y$

11a 基本 次の式を展開せよ。

(1) $(x-3)(3x^2-5x+1)$

(2) $(x^2-3x+6)(2x+1)$

11b 基本 次の式を展開せよ。

(1) $(2x-3)(3x^2-x-7)$

(2) $(x+3y)(4x^2-2xy+y^2)$

検印

4 乗法公式の利用

KEY 6 乗法公式

1 $(a+b)^2=a^2+2ab+b^2$　2 $(a-b)^2=a^2-2ab+b^2$

例 9 次の式を展開せよ。

(1) $(4x-1)^2$　(2) $(x+3y)^2$

解答

(1) $(4x-1)^2=(4x)^2-2\cdot4x\cdot1+1^2=\boldsymbol{16x^2-8x+1}$　◀乗法公式2で $4x$ を1つの文字のようにみる。

(2) $(x+3y)^2=x^2+2\cdot x\cdot3y+(3y)^2=\boldsymbol{x^2+6xy+9y^2}$　◀乗法公式1

12a 基本 次の式を展開せよ。

(1) $(x+4)^2$

(2) $(2x-1)^2$

(3) $(x-5y)^2$

12b 基本 次の式を展開せよ。

(1) $(a-6)^2$

(2) $(3x+2)^2$

(3) $(3x+4y)^2$

検印

KEY 7 乗法公式

3 $(a+b)(a-b)=a^2-b^2$

例 10 次の式を展開せよ。

(1) $(x+9)(x-9)$　(2) $(3x-2y)(3x+2y)$

解答

(1) $(x+9)(x-9)=x^2-9^2=\boldsymbol{x^2-81}$

(2) $(3x-2y)(3x+2y)=(3x+2y)(3x-2y)=(3x)^2-(2y)^2=\boldsymbol{9x^2-4y^2}$

13a 基本 次の式を展開せよ。

(1) $(x+3)(x-3)$

(2) $(7x-1)(7x+1)$

(3) $(2x+3y)(2x-3y)$

13b 基本 次の式を展開せよ。

(1) $(a-4)(a+4)$

(2) $(3x+5)(3x-5)$

(3) $(-3x+4y)(3x+4y)$

検印

KEY 8 乗法公式

④ $(x+a)(x+b)=x^2+(a+b)x+ab$

例 11 次の式を展開せよ。

(1) $(x-4)(x-7)$　　(2) $(x+5y)(x-3y)$

解答

(1) $(x-4)(x-7)=x^2+\{(-4)+(-7)\}x+(-4)\cdot(-7)=\boldsymbol{x^2-11x+28}$

(2) $(x+5y)(x-3y)=x^2+\{5y+(-3y)\}x+5y\cdot(-3y)=\boldsymbol{x^2+2xy-15y^2}$

14a 基本 次の式を展開せよ。

(1) $(x+2)(x+5)$

(2) $(x-3)(x+5)$

(3) $(x-4)(x-1)$

(4) $(x+3y)(x-9y)$

(5) $(x-5y)(x-4y)$

14b 基本 次の式を展開せよ。

(1) $(a+6)(a-7)$

(2) $(x-6)(x-4)$

(3) $(x-1)(x+3)$

(4) $(x+6y)(x+3y)$

(5) $(a-2b)(a+7b)$

検印

KEY 9 乗法公式

⑤ $(ax+b)(cx+d)=acx^2+(ad+bc)x+bd$

例 12 次の式を展開せよ。

(1) $(3x-1)(2x+5)$　　(2) $(2x+y)(7x-y)$

解答

(1) $(3x-1)(2x+5)=(3\cdot2)x^2+\{3\cdot5+(-1)\cdot2\}x+(-1)\cdot5=\mathbf{6x^2+13x-5}$

(2) $(2x+y)(7x-y)=(2\cdot7)x^2+\{2\cdot(-y)+y\cdot7\}x+y\cdot(-y)=\mathbf{14x^2+5xy-y^2}$

15a 基本 次の式を展開せよ。

(1) $(2x+5)(3x+1)$

(2) $(5x-1)(x+3)$

(3) $(7x+3)(2x-5)$

(4) $(4x-3y)(x-4y)$

(5) $(3a-b)(2a+7b)$

15b 基本 次の式を展開せよ。

(1) $(5x-2)(6x-1)$

(2) $(a-4)(3a+8)$

(3) $(4x+5)(2x-3)$

(4) $(3x+2y)(5x+y)$

(5) $(-2x+3y)(3x+y)$

検印

5 因数分解(1)

KEY 10 共通因数のくくり出し

すべての項に共通な因数は，かっこの外にくくり出す。

$$ma+mb=m(a+b)$$

例 13 次の式を因数分解せよ。

(1) $2x^2y-8xy^2$　　(2) $(a-2)x-3(a-2)$

解答

(1) $2x^2y-8xy^2=2xy\cdot x-2xy\cdot 4y=\boldsymbol{2xy(x-4y)}$

(2) $(a-2)x-3(a-2)=\boldsymbol{(a-2)(x-3)}$　　◀$a-2$ をくくり出す。

16a 基本 次の式を因数分解せよ。

(1) $2ab+6bc-4abc$

(2) $5x^3y+10x^2y^2$

(3) $3x^2-x$

(4) $2a^2b-ab^2+3ab$

(5) $(a+1)x-(a+1)y$

16b 基本 次の式を因数分解せよ。

(1) $5xy-3yz+y$

(2) $12a^2b^3-18ab^4$

(3) $4a^4+2a^3$

(4) $4x^2y-6xy+2xy^3$

(5) $(a-b)x+(a-b)$

検印

KEY 11 因数分解の公式

① $a^2+2ab+b^2=(a+b)^2$
② $a^2-2ab+b^2=(a-b)^2$

例 14 次の式を因数分解せよ。

(1) $x^2+18x+81$　　(2) $9x^2-30xy+25y^2$

解答
(1) $x^2+18x+81=x^2+2\cdot x\cdot 9+9^2=(\boldsymbol{x+9})^2$
(2) $9x^2-30xy+25y^2=(3x)^2-2\cdot 3x\cdot 5y+(5y)^2=(\boldsymbol{3x-5y})^2$

17a 基本 次の式を因数分解せよ。

(1) $x^2+10x+25$

(2) $4x^2-4x+1$

(3) $9x^2+12x+4$

(4) $x^2-12xy+36y^2$

(5) $9x^2+6xy+y^2$

17b 基本 次の式を因数分解せよ。

(1) $x^2-14x+49$

(2) $16x^2+8x+1$

(3) $25x^2+30x+9$

(4) $x^2+16xy+64y^2$

(5) $4x^2-28xy+49y^2$

検印

KEY 12 ③ $a^2-b^2=(a+b)(a-b)$

因数分解の公式

例 15 次の式を因数分解せよ。

(1) x^2-4　　(2) $36x^2-25y^2$

解答 (1) $x^2-4=x^2-2^2=(\boldsymbol{x+2})(\boldsymbol{x-2})$

(2) $36x^2-25y^2=(6x)^2-(5y)^2=(\boldsymbol{6x+5y})(\boldsymbol{6x-5y})$

18a 基本 次の式を因数分解せよ。

(1) x^2-64

(2) $4x^2-1$

(3) $9x^2-4$

(4) x^2-16y^2

(5) $4x^2-81y^2$

18b 基本 次の式を因数分解せよ。

(1) x^2-49

(2) x^2-1

(3) $25x^2-16$

(4) $9x^2-25y^2$

(5) x^2y^2-4

検印

6 因数分解(2)

KEY 13

④ $x^2+(a+b)x+ab=(x+a)(x+b)$

因数分解の公式

例 16 次の式を因数分解せよ。

(1) $x^2+2x-15$　　(2) $x^2-10xy+24y^2$

解答 (1) $x^2+2x-15=(\boldsymbol{x+5})(\boldsymbol{x-3})$　◀積が -15，和が 2 となる 2 つの数は 5 と -3

(2) $x^2-10xy+24y^2=(\boldsymbol{x-4y})(\boldsymbol{x-6y})$　◀積が $24y^2$，和が $-10y$ となる 2 つの式は $-4y$ と $-6y$

19a 基本 次の式を因数分解せよ。

(1) $x^2+8x+15$

(2) a^2-6a+5

(3) $x^2+4x-12$

(4) $x^2+9xy+8y^2$

(5) $x^2+7xy-18y^2$

19b 基本 次の式を因数分解せよ。

(1) $a^2+10a+9$

(2) $x^2-12x+20$

(3) $x^2-10x-24$

(4) $x^2-5xy+4y^2$

(5) $a^2-6ab-16b^2$

検印

KEY 14

⑤ $acx^2+(ad+bc)x+bd=(ax+b)(cx+d)$

因数分解の公式

例 17 次の式を因数分解せよ。

(1) $2x^2+7x+5$　　(2) $4x^2-4xy-15y^2$

解答 (1) $2x^2+7x+5=(\boldsymbol{x+1})(\boldsymbol{2x+5})$

$2x^2+7x+5$
1 ╲╱ 1 ⟶ 2
2 ╱╲ 5 ⟶ 5
　　　　　7

(2) $4x^2-4xy-15y^2=4x^2-4y\cdot x-15y^2$

$=(\boldsymbol{2x+3y})(\boldsymbol{2x-5y})$

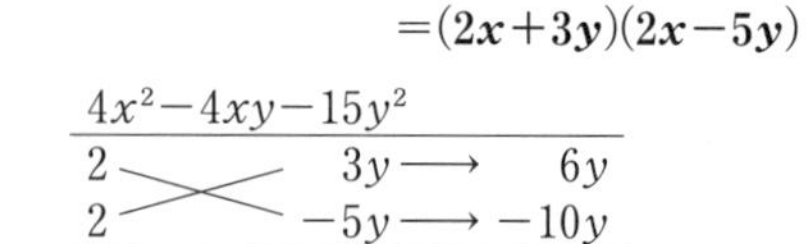

20a 基本 次の式を因数分解せよ。

(1) $2x^2+3x+1$

(2) $3x^2-7x+2$

(3) $6a^2+7a-3$

(4) $4x^2-5x-6$

20b 基本 次の式を因数分解せよ。

(1) $2x^2-5x+2$

(2) $3x^2-8x-3$

(3) $5a^2-a-4$

(4) $6x^2+13x-8$

21a 基本 次の式を因数分解せよ。

(1) $5x^2-8xy+3y^2$

(2) $4x^2-5xy-6y^2$

21b 基本 次の式を因数分解せよ。

(1) $5x^2+17xy+6y^2$

(2) $6a^2+11ab-10b^2$

検印

7 因数分解(3)

KEY 15 因数分解の公式 ①～⑤ の中から適切なものを選んで利用する。

因数分解の公式の利用

例 18 次の式を因数分解せよ。

(1) x^2-x-6　　(2) $4x^2+4x+1$　　(3) $2x^2-x-3$

解答

(1) $x^2-x-6=(\boldsymbol{x+2})(\boldsymbol{x-3})$ ◀④

(2) $4x^2+4x+1=(2x)^2+2\cdot 2x\cdot 1+1^2=(\boldsymbol{2x+1})^2$ ◀①

(3) $2x^2-x-3=(\boldsymbol{x+1})(\boldsymbol{2x-3})$ ◀⑤

$$\begin{array}{ll|r} \multicolumn{3}{l}{2x^2-x-3} \\ \hline 1 & 1 \longrightarrow & 2 \\ 2 & -3 \longrightarrow & -3 \\ \hline & & -1 \end{array}$$

22a 基本 次の式を因数分解せよ。

(1) $3x^2-5x-2$

(2) $9x^2-16$

(3) $x^2-5x-36$

(4) $4x^2+12x+9$

(5) $6x^2+7x-10$

(6) $x^2-11x+24$

22b 基本 次の式を因数分解せよ。

(1) $16x^2-8x+1$

(2) $x^2-2x-15$

(3) $9x^2-10x+1$

(4) $2x^2+15x+18$

(5) $25x^2-1$

(6) $8x^2+6x-9$

23a 基本 次の式を因数分解せよ。

(1) $2x^2-5xy-12y^2$

(2) x^2-y^2

(3) $4x^2+20xy+25y^2$

(4) $x^2+4xy-12y^2$

(5) $3x^2-4xy-4y^2$

(6) $x^2-3xy-18y^2$

23b 基本 次の式を因数分解せよ。

(1) $x^2-8xy+7y^2$

(2) $6x^2+xy-5y^2$

(3) $16x^2-25y^2$

(4) $4x^2+7xy+3y^2$

(5) $16x^2-24xy+9y^2$

(6) $9x^2-9xy-10y^2$

検印

8 式の展開・因数分解の工夫(1)

KEY 16 おきかえの利用

やや複雑な式の展開では，式の一部をまとめて1つの文字におきかえると，乗法公式を利用できることがある。

例 19 次の式を展開せよ。

(1) $(2x+y-1)(2x-y-1)$　　(2) $(a+b-c)^2$

解答 (1) $2x-1=A$ とおくと

$(2x+y-1)(2x-y-1)=\{(2x-1)+y\}\{(2x-1)-y\}=(A+y)(A-y)$

$=A^2-y^2=(2x-1)^2-y^2=4x^2-4x+1-y^2=\mathbf{4x^2-y^2-4x+1}$

(2) $a+b=A$ とおくと

$(a+b-c)^2=\{(a+b)-c\}^2=(A-c)^2=A^2-2Ac+c^2=(a+b)^2-2(a+b)c+c^2$

$=a^2+2ab+b^2-2ac-2bc+c^2=\mathbf{a^2+b^2+c^2+2ab-2bc-2ca}$

24a 標準 次の式を展開せよ。

(1) $(a+3b-1)(a+3b+2)$

(2) $(x+y+3)(x-y+3)$

24b 標準 次の式を展開せよ。

(1) $(2a+b+c)(2a+b-c)$

(2) $(x+y+1)(x-y-1)$

25a 標準 $(a+2b+3)^2$ を展開せよ。

25b 標準 $(2x-y-z)^2$ を展開せよ。

検印

KEY 17 因数分解のポイント

① 共通な因数を作り，それをくくり出す。
② 式の一部をまとめて1つの文字におきかえると，公式を利用できることがある。

例 20 次の式を因数分解せよ。

(1) $(a-b)x-a+b$　　(2) $(x-y)^2+5(x-y)+6$

(1) $(a-b)x-a+b=(a-b)x-(a-b)=\boldsymbol{(a-b)(x-1)}$

(2) $x-y=A$ とおくと

$(x-y)^2+5(x-y)+6=A^2+5A+6=(A+2)(A+3)=\boldsymbol{(x-y+2)(x-y+3)}$

26a 標準 次の式を因数分解せよ。

(1) $(a-2)x+(2-a)y$

(2) $x(y+2)+2y+4$

26b 標準 次の式を因数分解せよ。

(1) $2a(x-1)+b(1-x)$

(2) $(a+1)x-4a-4$

27a 標準 次の式を因数分解せよ。

(1) $(x+y)^2-3(x+y)-4$

(2) $(x-y)^2-25$

27b 標準 次の式を因数分解せよ。

(1) $2(x-y)^2+(x-y)-3$

(2) $(x+1)^2-y^2$

9 式の展開・因数分解の工夫(2)

KEY 18
1つの文字について整理する

2種類以上の文字を含んだ式を因数分解するときには，1つの文字に着目して整理すると，見通しが立つことがある。着目する文字は，次のように決定する。

① 最も次数の低い文字に着目する。

② どの文字も次数が同じ場合は，整理しやすい文字に着目する。

例 21 $x^2+xy-2y-4$ を因数分解せよ。

解答 $x^2+xy-2y-4=(x-2)y+x^2-4=(x-2)y+(x+2)(x-2)$ ◀次数の低い y について整理する。

$=(x-2)(y+x+2)=\boldsymbol{(x-2)(x+y+2)}$

28a 標準 次の式を因数分解せよ。

(1) $x^2-3y+xy-9$

(2) $a^2-c^2-ab-bc$

28b 標準 次の式を因数分解せよ。

(1) $ab^2-2ab+2b-4$

(2) $a^2+b^2+2bc+2ca+2ab$

例 22 $x^2+3xy+2y^2-x+y-6$ を因数分解せよ。

解答 $x^2+3xy+2y^2-x+y-6$

$=x^2+(3y-1)x+(2y^2+y-6)$ ◀ x について整理する。

$=x^2+(3y-1)x+(y+2)(2y-3)$

$=\{x+(y+2)\}\{x+(2y-3)\}$

$=\boldsymbol{(x+y+2)(x+2y-3)}$

1	2	→	4
2	−3	→	−3
			1

1	$y+2$	→	$y+2$
1	$2y-3$	→	$2y-3$
			$3y-1$

29a 標準 次の式を因数分解せよ。

(1) $x^2+(3y-4)x+(2y-3)(y-1)$

(2) $x^2+2xy+y^2-x-y-6$

29b 標準 次の式を因数分解せよ。

(1) $x^2-(2y+1)x-(3y+2)(y+1)$

(2) $x^2-xy-6y^2+3x+y+2$

30a 標準 $2x^2+5xy+2y^2+5x+y-3$ を因数分解せよ。

30b 標準 $6x^2-7xy+2y^2-6x+5y-12$ を因数分解せよ。

考えてみよう 2 **例22**を y について整理して因数分解してみよう。

検印

10 3次の乗法公式と3次式の因数分解

発展

KEY 19
3次の乗法公式

⑥ $(a+b)(a^2-ab+b^2)=a^3+b^3$
⑦ $(a-b)(a^2+ab+b^2)=a^3-b^3$

例 23 次の式を展開せよ。

(1) $(x-3)(x^2+3x+9)$　　(2) $(3x+2y)(9x^2-6xy+4y^2)$

解答
(1) $(x-3)(x^2+3x+9)=(x-3)(x^2+x\cdot3+3^2)=x^3-3^3=\boldsymbol{x^3-27}$
(2) $(3x+2y)(9x^2-6xy+4y^2)=(3x+2y)\{(3x)^2-3x\cdot2y+(2y)^2\}=(3x)^3+(2y)^3=\boldsymbol{27x^3+8y^3}$

31a 基本 次の式を展開せよ。

(1) $(x+2)(x^2-2x+4)$

(2) $(x-4)(x^2+4x+16)$

(3) $(a-3b)(a^2+3ab+9b^2)$

31b 基本 次の式を展開せよ。

(1) $(a+3)(a^2-3a+9)$

(2) $(2x-1)(4x^2+2x+1)$

(3) $(3x+y)(9x^2-3xy+y^2)$

検印

発展

KEY 20
3次の乗法公式

⑧ $(a+b)^3=a^3+3a^2b+3ab^2+b^3$
⑨ $(a-b)^3=a^3-3a^2b+3ab^2-b^3$

例 24 次の式を展開せよ。

(1) $(2x+3)^3$　　(2) $(3x-4y)^3$

解答
(1) $(2x+3)^3=(2x)^3+3\cdot(2x)^2\cdot3+3\cdot2x\cdot3^2+3^3=\boldsymbol{8x^3+36x^2+54x+27}$
(2) $(3x-4y)^3=(3x)^3-3\cdot(3x)^2\cdot4y+3\cdot3x\cdot(4y)^2-(4y)^3=\boldsymbol{27x^3-108x^2y+144xy^2-64y^3}$

32a 基本 次の式を展開せよ。

(1) $(x-2)^3$

(2) $(2x+y)^3$

32b 基本 次の式を展開せよ。

(1) $(3a+1)^3$

(2) $(3x-2y)^3$

検印

発展

KEY 21

3次式の因数分解

⑥ $a^3+b^3=(a+b)(a^2-ab+b^2)$

⑦ $a^3-b^3=(a-b)(a^2+ab+b^2)$

例 25 次の式を因数分解せよ。

(1) a^3+27b^3 (2) $27x^3-1$

解答

(1) $a^3+27b^3=a^3+(3b)^3=(a+3b)\{a^2-a\cdot 3b+(3b)^2\}=\boldsymbol{(a+3b)(a^2-3ab+9b^2)}$

(2) $27x^3-1=(3x)^3-1^3=(3x-1)\{(3x)^2+3x\cdot 1+1^2\}=\boldsymbol{(3x-1)(9x^2+3x+1)}$

33a 基本 次の式を因数分解せよ。

(1) x^3+1

(2) x^3-8y^3

33b 基本 次の式を因数分解せよ。

(1) $64x^3+y^3$

(2) $8a^3-27$

検印

例題 1 展開の工夫(1)

次の式を展開せよ。

(1) $(x+2)(x-2)(x^2+4)$ (2) $(x+2)^2(x-2)^2$

【ガイド】 計算が簡単になるように，掛け合わせる順番を工夫する。ここでは，乗法公式 $(a+b)(a-b)=a^2-b^2$ が使える組み合わせを見つける。

解答 (1) $(x+2)(x-2)(x^2+4)=\{(x+2)(x-2)\}(x^2+4)=(x^2-4)(x^2+4)=(x^2)^2-4^2=\boldsymbol{x^4-16}$

(2) $(x+2)^2(x-2)^2=\{(x+2)(x-2)\}^2=(x^2-4)^2=(x^2)^2-2\cdot x^2\cdot 4+4^2=\boldsymbol{x^4-8x^2+16}$ ◀ $A^2B^2=(AB)^2$

練習 1

次の式を展開せよ。

(1) $(a-1)(a+1)(a^2+1)$

(2) $(x-1)^2(x+1)^2$

(3) $(x+y)^2(x-y)^2(x^2+y^2)^2$

検印

例題 2　展開の工夫(2)

$(x+1)(x+2)(x+3)(x+4)$ を展開せよ。

【ガイド】 式の一部に共通な項が出てくるように，掛け合わせる組み合わせを考える。

解答

$$
\begin{aligned}
(x+1)(x+2)(x+3)(x+4) &= \{(x+1)(x+4)\}\{(x+2)(x+3)\} \\
&= (x^2+5x+4)(x^2+5x+6) \\
&= \{(x^2+5x)+4\}\{(x^2+5x)+6\} \\
&= (x^2+5x)^2+10(x^2+5x)+24 \\
&= x^4+10x^3+25x^2+10x^2+50x+24 \\
&= \boldsymbol{x^4+10x^3+35x^2+50x+24}
\end{aligned}
$$

◀ $(x+1)(x+2)(x+3)(x+4)$

◀ $x^2+5x=A$ とおいてもよい。
$(A+4)(A+6)=A^2+10A+24$

練習 2

次の式を展開せよ。

(1) $(x+1)(x-2)(x+3)(x-4)$

(2) $x(x+1)(x+2)(x+3)$

(3) $(x+1)(x+2)(x+3)(x+6)$

検印

例題 3 いろいろな因数分解(1)

次の式を因数分解せよ。

(1) $2x^3-6x^2+4x$　　　(2) x^4-5x^2+4

【ガイド】 (1) 共通な因数をくくり出してから因数分解の公式を利用する。
(2) $x^2=A$ とおいて 2 次式にしてから因数分解の公式を利用する。

解答 (1) $2x^3-6x^2+4x=2x(x^2-3x+2)=\mathbf{2x(x-1)(x-2)}$

(2) $x^2=A$ とおくと

$x^4-5x^2+4=A^2-5A+4=(A-1)(A-4)$　　◀$x^4=(x^2)^2=A^2$

$=(x^2-1)(x^2-4)=\mathbf{(x+1)(x-1)(x+2)(x-2)}$

練習 3 次の式を因数分解せよ。

(1) $3x^3-6x^2-9x$

(2) $16x^3-9xy^2$

(3) x^4-16

(4) $4x^4-5x^2+1$

検印

例題 4 いろいろな因数分解(2)

$a(b^2-c^2)+b(c^2-a^2)+c(a^2-b^2)$ を因数分解せよ。

【ガイド】 a, b, c のどの文字についても 2 次式であるから，いずれかの文字について整理する。

解答

$a(b^2-c^2)+b(c^2-a^2)+c(a^2-b^2)$

$=ab^2-ac^2+bc^2-ba^2+ca^2-cb^2$

$=(-b+c)a^2+(b^2-c^2)a+bc^2-cb^2$ ◀a について整理する。

$=-(b-c)a^2+(b+c)(b-c)a-bc(b-c)$

$=-(b-c)\{a^2-(b+c)a+bc\}$ ◀$-(b-c)$ が共通な因数

$=-(b-c)(a-b)(a-c)$

$=\boldsymbol{(a-b)(b-c)(c-a)}$ ◀a, b, c の順に表す。

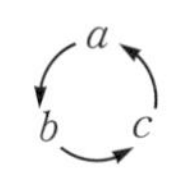

練習  4 次の式を因数分解せよ。

(1) $abc+ab+bc+ca+a+b+c+1$

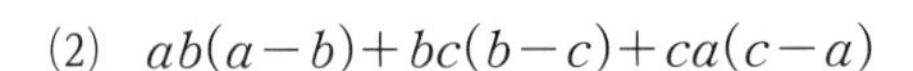

(2) $ab(a-b)+bc(b-c)+ca(c-a)$

検印

2節 実数

1 実数

KEY 22 循環小数

循環小数……無限小数のうち，同じ数字の並びが周期的にくり返される小数。
循環節……循環小数において，循環する部分。循環小数は，循環節の始まりの数字と終わりの数字の上に，記号・をつけて表す。

例 26 次の分数を小数に直し，循環小数の表し方で書け。

(1) $\dfrac{8}{11}$　　(2) $\dfrac{4}{37}$

解答 (1) $\dfrac{8}{11}=0.7272\cdots\cdots=\mathbf{0.\dot{7}\dot{2}}$　　(2) $\dfrac{4}{37}=0.108108\cdots\cdots=\mathbf{0.\dot{1}0\dot{8}}$

34a 基本 次の分数を小数に直し，循環小数の表し方で書け。

(1) $\dfrac{1}{6}$

(2) $\dfrac{17}{33}$

(3) $\dfrac{8}{27}$

34b 基本 次の分数を小数に直し，循環小数の表し方で書け。

(1) $\dfrac{8}{15}$

(2) $\dfrac{16}{11}$

(3) $\dfrac{5}{111}$

KEY 23 循環小数を分数で表す

① 循環小数を x とおく。
② 循環節が n 桁であれば，x を 10^n 倍する。
③ 10^nx-x を計算して循環節を消去する。

例 27 循環小数 $0.\dot{1}\dot{5}$ を分数の形で表せ。

解答 $x=0.\dot{1}\dot{5}$ とおくと，右の計算から　$99x=15$

よって　$x=\dfrac{15}{99}=\dfrac{5}{33}$　　すなわち　$\mathbf{0.\dot{1}\dot{5}=\dfrac{5}{33}}$

$$\begin{array}{rr} & 100x=15.1515\cdots\cdots \\ -) & x=\ \ 0.1515\cdots\cdots \\ \hline & 99x=15 \end{array}$$

35a 基本 次の循環小数を分数の形で表せ。

(1) $0.\dot{7}$

(2) $0.\dot{4}\dot{5}$

35b 基本 次の循環小数を分数の形で表せ。

(1) $1.\dot{3}$

(2) $0.\dot{1}0\dot{3}$

検印

KEY 24 絶対値

$a \geqq 0$ のとき $|a|=a$　　$a<0$ のとき $|a|=-a$

例 28 次の値を求めよ。

(1) $|-4|$　　(2) $|7|-|-2|$　　(3) $|3-\sqrt{11}|$

解答

(1) $|-4|=-(-4)=\mathbf{4}$

(2) $|7|=7$, $|-2|=-(-2)=2$ であるから　$|7|-|-2|=7-2=\mathbf{5}$

(3) $3-\sqrt{11}=\sqrt{9}-\sqrt{11}<0$ であるから　$|3-\sqrt{11}|=-(3-\sqrt{11})=\boldsymbol{\sqrt{11}-3}$

36a 基本 次の値を求めよ。

(1) $|-8|$

(2) $|\sqrt{3}|$

(3) $|-5|+|-10|$

(4) $|2-\sqrt{6}|$

36b 基本 次の値を求めよ。

(1) $|0.3|$

(2) $\left|-\dfrac{1}{7}\right|$

(3) $|6|-|-1|$

(4) $|\sqrt{15}-4|$

検印

2 根号を含む式の計算(1)

KEY 25 平方根の性質

1. $a \geqq 0$ のとき $\sqrt{a^2}=a$　　$a<0$ のとき $\sqrt{a^2}=-a$
2. $a \geqq 0$ のとき $(\sqrt{a})^2=a$, $(-\sqrt{a})^2=a$

例 29 次の値を求めよ。

(1) 2 の平方根　(2) $-\sqrt{100}$　(3) $(-\sqrt{3})^2$

解答 (1) $\sqrt{2}$ と $-\sqrt{2}$　(2) $-\sqrt{100}=-\sqrt{10^2}=\mathbf{-10}$　(3) $(-\sqrt{3})^2=\mathbf{3}$

37a 基本 次の値を求めよ。

(1) 10の平方根

(2) $\sqrt{3^2}$

(3) $-\sqrt{36}$

(4) $(\sqrt{5})^2$

(5) $(-\sqrt{2})^2$

37b 基本 次の値を求めよ。

(1) 16の平方根

(2) $\sqrt{81}$

(3) $\sqrt{(-7)^2}$

(4) $(\sqrt{8})^2$

(5) $(-\sqrt{18})^2$

検印

KEY 26 平方根の積と商

$a>0$, $b>0$, $k>0$ のとき

1. $\sqrt{a}\sqrt{b}=\sqrt{ab}$　2. $\dfrac{\sqrt{a}}{\sqrt{b}}=\sqrt{\dfrac{a}{b}}$　3. $\sqrt{k^2a}=k\sqrt{a}$

例 30 次の式を計算し，$\sqrt{\ }$ の中をできるだけ小さい整数の形にせよ。

(1) $\sqrt{75}$　(2) $\sqrt{7}\times\sqrt{14}$　(3) $\dfrac{\sqrt{40}}{\sqrt{5}}$

解答
(1) $\sqrt{75}=\sqrt{5^2\times3}=\mathbf{5\sqrt{3}}$
(2) $\sqrt{7}\times\sqrt{14}=\sqrt{7\times14}=\sqrt{7\times7\times2}=\sqrt{7^2\times2}=\mathbf{7\sqrt{2}}$
(3) $\dfrac{\sqrt{40}}{\sqrt{5}}=\sqrt{\dfrac{40}{5}}=\sqrt{8}=\sqrt{2^2\times2}=\mathbf{2\sqrt{2}}$

38a 基本 次の式を計算し，$\sqrt{\quad}$ の中をできるだけ小さい整数の形にせよ。

(1) $\sqrt{28}$

(2) $\sqrt{3}\times\sqrt{6}$

(3) $\dfrac{\sqrt{48}}{\sqrt{2}}$

38b 基本 次の式を計算し，$\sqrt{\quad}$ の中をできるだけ小さい整数の形にせよ。

(1) $\sqrt{72}$

(2) $\sqrt{15}\times\sqrt{21}$

(3) $\dfrac{\sqrt{60}}{\sqrt{5}}$

考えてみよう 3 $\sqrt{2}=1.41$ とするとき，$\sqrt{20000}$ の値を求めてみよう。

KEY 27 根号を含む式の加法・減法

① $\sqrt{k^2a}=k\sqrt{a}$ を用いて，$\sqrt{\quad}$ の中をできるだけ小さい整数にする。

② $\sqrt{a}$ を1つの文字のようにみて計算する。

例 31 $\sqrt{75}+\sqrt{12}-\sqrt{27}$ を計算せよ。

解答 $\sqrt{75}+\sqrt{12}-\sqrt{27}=\sqrt{5^2\times3}+\sqrt{2^2\times3}-\sqrt{3^2\times3}=5\sqrt{3}+2\sqrt{3}-3\sqrt{3}=(5+2-3)\sqrt{3}=4\sqrt{3}$

39a 基本 次の式を計算せよ。

(1) $2\sqrt{3}-6\sqrt{3}+\sqrt{3}$

(2) $\sqrt{12}+\sqrt{48}$

(3) $\sqrt{12}+\sqrt{27}-\sqrt{32}$

39b 基本 次の式を計算せよ。

(1) $3\sqrt{2}-2\sqrt{5}+4\sqrt{2}-\sqrt{5}$

(2) $2\sqrt{32}+\sqrt{50}-\sqrt{72}$

(3) $\sqrt{20}-\sqrt{18}+3\sqrt{5}-\sqrt{8}$

検印

検印

3 根号を含む式の計算(2)

KEY 28 根号を含む式の乗法

① 分配法則や乗法公式を利用して展開する。
② KEY27にしたがって計算する。

例 32 次の式を計算せよ。

(1) $(\sqrt{2}+1)(\sqrt{3}+\sqrt{6})$　　(2) $(\sqrt{3}-\sqrt{2})^2$

解答

(1) $(\sqrt{2}+1)(\sqrt{3}+\sqrt{6})=\sqrt{2}\times\sqrt{3}+\sqrt{2}\times\sqrt{6}+1\times\sqrt{3}+1\times\sqrt{6}$
$=\sqrt{6}+2\sqrt{3}+\sqrt{3}+\sqrt{6}=\mathbf{3\sqrt{3}+2\sqrt{6}}$

(2) $(\sqrt{3}-\sqrt{2})^2=(\sqrt{3})^2-2\times\sqrt{3}\times\sqrt{2}+(\sqrt{2})^2$　◀$(a-b)^2=a^2-2ab+b^2$
$=3-2\sqrt{6}+2=\mathbf{5-2\sqrt{6}}$

40a 基本 次の式を計算せよ。

(1) $\sqrt{7}(\sqrt{21}+\sqrt{14})$

(2) $(4-\sqrt{2})(1-2\sqrt{2})$

(3) $(\sqrt{7}+\sqrt{3})^2$

(4) $(\sqrt{11}+\sqrt{5})(\sqrt{11}-\sqrt{5})$

40b 基本 次の式を計算せよ。

(1) $(\sqrt{10}-2\sqrt{2})(\sqrt{5}+2)$

(2) $(\sqrt{3}-\sqrt{2})(2\sqrt{3}+5\sqrt{2})$

(3) $(\sqrt{2}-\sqrt{6})^2$

(4) $(2\sqrt{3}-\sqrt{2})(2\sqrt{3}+\sqrt{2})$

検印

KEY 29　分母が $\sqrt{a}$ のときは，分母と分子に $\sqrt{a}$ を掛ける。

分母の有理化(1)

例 33　$\dfrac{7}{\sqrt{28}}$ の分母を有理化せよ。

解答　$\dfrac{7}{\sqrt{28}}=\dfrac{7}{2\sqrt{7}}=\dfrac{7\times\sqrt{7}}{2\sqrt{7}\times\sqrt{7}}=\dfrac{7\sqrt{7}}{14}=\boldsymbol{\dfrac{\sqrt{7}}{2}}$

41a 基本　次の式の分母を有理化せよ。

(1) $\dfrac{2}{\sqrt{5}}$

(2) $\dfrac{\sqrt{2}}{\sqrt{3}}$

(3) $\dfrac{5}{\sqrt{20}}$

(4) $\dfrac{\sqrt{3}-1}{\sqrt{2}}$

41b 基本　次の式の分母を有理化せよ。

(1) $\dfrac{3}{\sqrt{6}}$

(2) $\dfrac{\sqrt{3}}{2\sqrt{7}}$

(3) $\dfrac{4}{\sqrt{8}}$

(4) $\dfrac{\sqrt{5}-\sqrt{2}}{\sqrt{3}}$

考えてみよう 4　**例33**で，$\sqrt{7}$ 以外に分母を有理化することができる数を考えてみよう。

また，その数を $\dfrac{7}{\sqrt{28}}$ の分母と分子に掛けて有理化し，答えが一致するか確かめてみよう。

検印

4 根号を含む式の計算(3)

KEY 30
分母の有理化(2)

分母が $\sqrt{a}+\sqrt{b}$ のときは，分母と分子に $\sqrt{a}-\sqrt{b}$ を掛ける。
分母が $\sqrt{a}-\sqrt{b}$ のときは，分母と分子に $\sqrt{a}+\sqrt{b}$ を掛ける。

例 34 $\dfrac{\sqrt{5}-\sqrt{3}}{\sqrt{5}+\sqrt{3}}$ の分母を有理化せよ。

解答

$$\frac{\sqrt{5}-\sqrt{3}}{\sqrt{5}+\sqrt{3}}=\frac{(\sqrt{5}-\sqrt{3})^2}{(\sqrt{5}+\sqrt{3})(\sqrt{5}-\sqrt{3})}=\frac{5-2\sqrt{15}+3}{5-3}$$

◀ $(a+b)(a-b)=a^2-b^2$

$$=\frac{8-2\sqrt{15}}{2}=\frac{2(4-\sqrt{15})}{2}=\mathbf{4-\sqrt{15}}$$

◀約分する。

42a 標準 次の式の分母を有理化せよ。

(1) $\dfrac{1}{\sqrt{7}+\sqrt{3}}$

(2) $\dfrac{2}{\sqrt{3}-1}$

(3) $\dfrac{\sqrt{3}-1}{\sqrt{3}+1}$

(4) $\dfrac{\sqrt{7}+\sqrt{6}}{\sqrt{7}-\sqrt{6}}$

42b 標準 次の式の分母を有理化せよ。

(1) $\dfrac{2}{\sqrt{6}-\sqrt{3}}$

(2) $\dfrac{\sqrt{3}}{2+\sqrt{5}}$

(3) $\dfrac{\sqrt{2}+1}{\sqrt{2}-1}$

(4) $\dfrac{\sqrt{6}+\sqrt{2}}{\sqrt{6}-\sqrt{2}}$

検印

発展

KEY 31 二重根号をはずす

$a>0,\ b>0$ のとき　$\sqrt{(a+b)+2\sqrt{ab}}=\sqrt{a}+\sqrt{b}$

$a>b>0$ のとき　$\sqrt{(a+b)-2\sqrt{ab}}=\sqrt{a}-\sqrt{b}$

例 35 次の二重根号をはずせ。

(1) $\sqrt{8-2\sqrt{15}}$　(2) $\sqrt{7+\sqrt{24}}$　(3) $\sqrt{13-4\sqrt{10}}$　(4) $\sqrt{5-\sqrt{21}}$

解答

(1) $\sqrt{8-2\sqrt{15}}=\sqrt{(5+3)-2\sqrt{5\times3}}=\boldsymbol{\sqrt{5}-\sqrt{3}}$

(2) $\sqrt{7+\sqrt{24}}=\sqrt{7+2\sqrt{6}}=\sqrt{(6+1)+2\sqrt{6\times1}}=\boldsymbol{\sqrt{6}+1}$　◀$\sqrt{1}=1$

(3) $\sqrt{13-4\sqrt{10}}=\sqrt{13-2\sqrt{40}}=\sqrt{(8+5)-2\sqrt{8\times5}}=\sqrt{8}-\sqrt{5}=\boldsymbol{2\sqrt{2}-\sqrt{5}}$

(4) $\sqrt{5-\sqrt{21}}=\sqrt{\dfrac{10-2\sqrt{21}}{2}}$　◀分母が 2 の分数にして $2\sqrt{}$ の形を作る。

$=\dfrac{\sqrt{(7+3)-2\sqrt{7\times3}}}{\sqrt{2}}=\dfrac{\sqrt{7}-\sqrt{3}}{\sqrt{2}}$

$=\dfrac{(\sqrt{7}-\sqrt{3})\times\sqrt{2}}{\sqrt{2}\times\sqrt{2}}=\boldsymbol{\dfrac{\sqrt{14}-\sqrt{6}}{2}}$　◀分母を有理化する。

43a 標準 次の二重根号をはずせ。

(1) $\sqrt{3+2\sqrt{2}}$

(2) $\sqrt{6-\sqrt{20}}$

(3) $\sqrt{8+4\sqrt{3}}$

(4) $\sqrt{4+\sqrt{7}}$

43b 標準 次の二重根号をはずせ。

(1) $\sqrt{5-2\sqrt{6}}$

(2) $\sqrt{11+\sqrt{40}}$

(3) $\sqrt{14-6\sqrt{5}}$

(4) $\sqrt{2-\sqrt{3}}$

検印

例題 5 和と積を利用した式の値

$x=\sqrt{7}+\sqrt{5}$，$y=\sqrt{7}-\sqrt{5}$ のとき，次の式の値を求めよ。

(1) $x+y$　(2) xy　(3) x^2+y^2　**発展** (4) x^3+y^3

【ガイド】 (3), (4) 与えられた式を $x+y$，xy を用いて表す。

解答
(1) $x+y=(\sqrt{7}+\sqrt{5})+(\sqrt{7}-\sqrt{5})=\mathbf{2\sqrt{7}}$

(2) $xy=(\sqrt{7}+\sqrt{5})(\sqrt{7}-\sqrt{5})=7-5=\mathbf{2}$

(3) $x^2+y^2=(x+y)^2-2xy$
$=(2\sqrt{7})^2-2\cdot2=28-4=\mathbf{24}$

◀$(x+y)^2=x^2+2xy+y^2$

(4) $x^3+y^3=(x+y)^3-3xy(x+y)$
$=(2\sqrt{7})^3-3\cdot2\cdot2\sqrt{7}=56\sqrt{7}-12\sqrt{7}=\mathbf{44\sqrt{7}}$

◀$(x+y)^3=x^3+3x^2y+3xy^2+y^3$
$=x^3+y^3+3xy(x+y)$

別解 (4) $x^3+y^3=(x+y)(x^2-xy+y^2)=(x+y)\{(x^2+y^2)-xy\}$
$=2\sqrt{7}(24-2)$
$=44\sqrt{7}$

◀(1)，(2)，(3)の結果を利用する。

練習 5

$x=\sqrt{3}-\sqrt{2}$，$y=\sqrt{3}+\sqrt{2}$ のとき，次の式の値を求めよ。

(1) $x+y$

(2) xy

(3) x^2+y^2

発展 (4) x^3+y^3

検印

例題 6 無理数の整数部分，小数部分

次の無理数の整数部分 a と小数部分 b を求めよ。

(1) $\sqrt{13}$　　(2) $2\sqrt{6}$

【ガイド】 実数 x に対して，$n \leqq x < n+1$ を満たす整数 n を x の整数部分，$x-n$ を x の小数部分という。

(1) $\sqrt{13}$ を2乗して，$\sqrt{\ }$ をはずした状態で $(整数)^2$ との大小を調べる。
小数部分 b は，$b=\sqrt{13}-a$ を計算する。

(2) $2\sqrt{6}$ の2を $\sqrt{\ }$ の中に入れた $\sqrt{24}$ で考える。

◀たとえば，2.34の整数部分は2，小数部分は $2.34-2=0.34$
小数部分＝もとの数－整数部分

◀ $2<\sqrt{6}<3$ より，$4<2\sqrt{6}<6$ とすると，整数部分は4と5が考えられ，1つに定まらない。

解答 (1) $3^2<13<4^2$ より　$\sqrt{3^2}<\sqrt{13}<\sqrt{4^2}$

すなわち　$3<\sqrt{13}<4$

よって　$\boldsymbol{a=3,\ b=\sqrt{13}-3}$

◀ 2乗した整数 1^2，2^2，3^2，4^2，5^2，……と比べる。

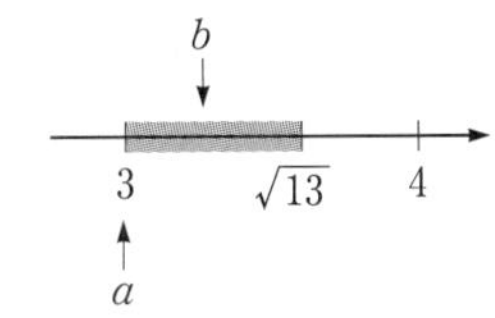

(2) $2\sqrt{6}=\sqrt{24}$

$4^2<24<5^2$ より　$\sqrt{4^2}<\sqrt{24}<\sqrt{5^2}$

すなわち　$4<2\sqrt{6}<5$

よって　$\boldsymbol{a=4,\ b=2\sqrt{6}-4}$

練習 6

次の無理数の整数部分 a と小数部分 b を求めよ。

(1) $\sqrt{19}$

(2) $3\sqrt{5}$

考えてみよう 5 例題6(1)で求めた $\sqrt{13}$ の小数部分 b について，b^2+6b の値を求めてみよう。

検印

1 不等式とその性質

KEY 32 不等式を作る

数量の大小関係を，不等号を用いて表した式を不等式という。

2つの数 a，b の大小関係は，不等号を用いて次のように表す。

a は b より大きい。	$a>b$
a は b より小さい。 a は b 未満である。	$a<b$

a は b 以上である。	$a \geqq b$
a は b 以下である。	$a \leqq b$

$\underline{4x-7} > \underline{30}$
左辺　右辺
両辺

例 36 次の数量の大小関係を，不等号を用いて表せ。

ある数 x を3倍して4を足した数は，18以上である。

解答 $3x+4 \geqq 18$

44a 基本 次の数量の大小関係を，不等号を用いて表せ。

(1) ある数 x の4倍から6を引いた数は，16以下である。

(2) ある数 x から5を引いた数は，x の $\dfrac{1}{2}$ 倍より小さい。

44b 基本 次の数量の大小関係を，不等号を用いて表せ。

(1) 1冊 a 円のノート4冊と，1本 b 円の鉛筆3本の代金は，600円以上である。

(2) ある数 x を4倍して3を足した数は，x を7倍して4を引いた数より大きい。

例 37 次の x の値の範囲を数直線上に図示せよ。

(1) $x \geqq 5$　　(2) $x<-2$

解答 (1)

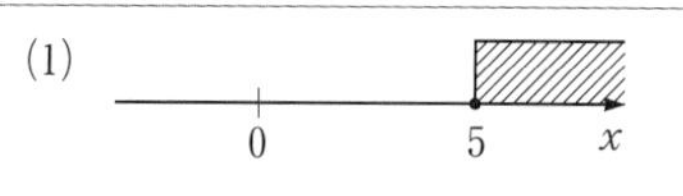

(2)

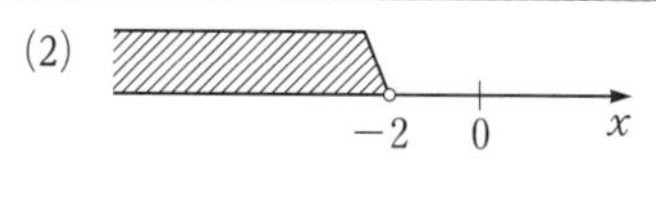

◀数直線上の●はその数を含み，○はその数を含まないことを表す。

45a 基本 **例37**にならって，次の x の値の範囲を数直線上に図示せよ。

(1) $x \leqq 3$

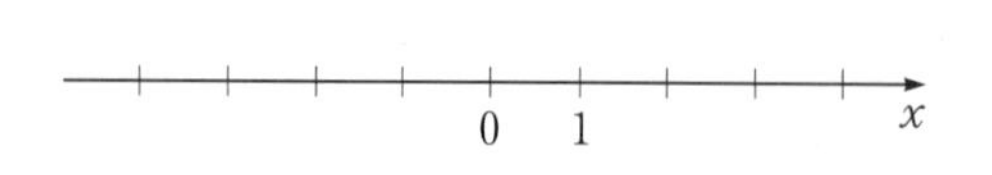

(2) $x>-\sqrt{2}$

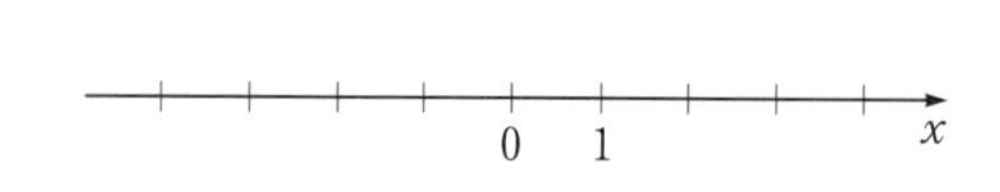

45b 基本 **例37**にならって，次の x の値の範囲を数直線上に図示せよ。

(1) $x \geqq 2.5$

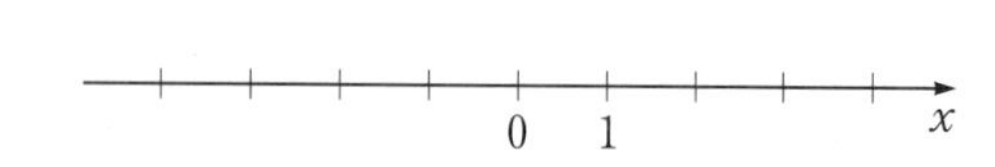

(2) x は $-\dfrac{3}{2}$ 未満

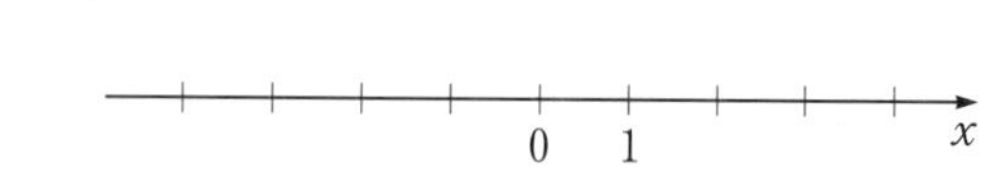

検印

KEY 33 不等式の性質

① $a<b$ ならば　$a+c<b+c$,　$a-c<b-c$

② $a<b$, $c>0$ ならば　$ac<bc$,　$\dfrac{a}{c}<\dfrac{b}{c}$

③ $a<b$, $c<0$ ならば　$ac>bc$,　$\dfrac{a}{c}>\dfrac{b}{c}$

例 38 $a<b$ のとき，$-3a+2$ □ $-3b+2$ の□にあてはまる不等号を書き入れよ。

解答 $a<b$ の両辺に -3 を掛けると　$-3a>-3b$

$-3a>-3b$ の両辺に 2 を足すと　$-3a+2$ [$>$] $-3b+2$

46a 基本 $a<b$ のとき，次の□にあてはまる不等号を書き入れよ。

(1) $a+4$ □ $b+4$

(2) $-2a$ □ $-2b$

(3) $4a-1$ □ $4b-1$

46b 基本 $a\geqq b$ のとき，次の□にあてはまる不等号を書き入れよ。

(1) $a-3$ □ $b-3$

(2) $\dfrac{a}{2}$ □ $\dfrac{b}{2}$

(3) $-\dfrac{a}{5}+2$ □ $-\dfrac{b}{5}+2$

KEY 34 1次不等式

① x を含む項を左辺に，数の項を右辺に移項する。

② $ax>b$，$ax\leqq b$ などの形の不等式は，両辺を a で割る。
　a が負の場合は，不等号の向きが変わる。

例 39 次の1次不等式を解け。

(1) $x-2<5$　　(2) $-3x\geqq 6$

解答

(1) $x-2<5$
　$x<5+2$　（-2 を移項する。）
　したがって　$x<7$

(2) $-3x\geqq 6$
　したがって　$x\leqq -2$　（両辺を -3 で割る。不等号の向きが変わる。）

47a 基本 次の1次不等式を解け。

(1) $x+3\geqq 8$

(2) $5x\leqq 10$

(3) $-4x<12$

47b 基本 次の1次不等式を解け。

(1) $x-2<-5$

(2) $2x>-1$

(3) $-x\geqq -6$

検印

検印

2　1次不等式(1)

KEY 35
1次不等式の解法

① 不等式を $ax>b$，$ax \leqq b$ などの形にする。
② 両辺を x の係数 a で割る。

例 40　1次不等式 $2x+1>4x-3$ を解け。

解答

$2x+1>4x-3$
　1と $4x$ を移項する。
$2x-4x>-3-1$
　両辺を整理する。
$-2x>-4$
　両辺を -2 で割る。不等号の向きが変わる。
したがって　$x<2$

$2x+1>4x-3$
$2x-4x>-3-1$

48a 基本　次の1次不等式を解け。

(1)　$4x+9 \geqq 1$

(2)　$3x>7x-4$

(3)　$2x-3>x+1$

(4)　$4x-9 \geqq 6x+3$

(5)　$2x+6<4x+5$

48b 基本　次の1次不等式を解け。

(1)　$1-2x<5$

(2)　$5x+8 \leqq x$

(3)　$4x+1 \geqq -2x+5$

(4)　$3x-8>4x-3$

(5)　$7-x \leqq 4x+2$

検印

KEY 36 移項できるように，かっこをはずす。

かっこを含んだ場合

例 41 1次不等式 $2(x-7)>5x+1$ を解け。

解答

$2(x-7)>5x+1$ 　かっこをはずす。

$2x-14>5x+1$ 　移項して整理する。

$-3x>15$ 　両辺を -3 で割る。

したがって　$\boldsymbol{x<-5}$

49a 基本 次の1次不等式を解け。

(1) $5x-7>3(x+1)$

(2) $5(2-x)\leqq x-8$

(3) $3x+4<-2(2x+5)$

(4) $4(2x-1)\geqq 5(x+4)$

49b 基本 次の1次不等式を解け。

(1) $3(x-3)\leqq 7-x$

(2) $3x-5>4(2x-5)$

(3) $-3(4-x)\leqq 4+5x$

(4) $2(7-2x)<-7(x-6)+2$

検印

3　1次不等式(2)

KEY 37
係数が分数・小数の場合

両辺に同じ数を掛けて，分数や小数のない不等式にする。
① 係数が分数のときは，分母の最小公倍数を掛ける。
② 係数が小数のときは，10や100といった 10^n の形で表される数を掛ける。

例 42　次の1次不等式を解け。

(1) $\dfrac{5x-2}{3}>\dfrac{3x+1}{2}$　　(2) $0.1x-3\geqq 0.8x+0.5$

解答

(1)
$$\frac{5x-2}{3}>\frac{3x+1}{2}$$
$$6\times\frac{5x-2}{3}>6\times\frac{3x+1}{2}$$
分母の3と2の最小公倍数6を両辺に掛ける。
$$2(5x-2)>3(3x+1)$$
$$10x-4>9x+3$$
したがって　$x>7$

(2)
$$0.1x-3\geqq 0.8x+0.5$$
$$10(0.1x-3)\geqq 10(0.8x+0.5)$$
係数を整数にするため10を両辺に掛ける。
$$x-30\geqq 8x+5$$
$$-7x\geqq 35$$
したがって　$x\leqq -5$

50a 標準　次の1次不等式を解け。

(1) $x+5\leqq\dfrac{1-x}{2}$

(2) $\dfrac{x+2}{4}>\dfrac{x-1}{3}$

(3) $0.3x+1.2>1.6-0.1x$

50b 標準　次の1次不等式を解け。

(1) $\dfrac{x-3}{2}<-\dfrac{x}{5}$

(2) $\dfrac{3}{8}x-\dfrac{1}{2}>x+\dfrac{3}{4}$

(3) $0.1(x+1)>x+0.2$

検印

KEY 38 1次不等式の文章題

① 適当な変数をxとおく。
② 不等式を作り，それを解く。
③ ②の解のうち，問題に適している値を求める。

例 43 2000円以下で，1個160円のりんごを何個か1つのかごに詰めて買いたい。かご代が200円かかるとき，りんごは何個まで買うことができるか。

解答 りんごをx個買うとすると，りんご代は$160x$円であるから，200円のかご代と合わせた代金の合計は$(160x+200)$円となる。

代金を2000円以下にしたいから

$$160x+200 \leqq 2000$$

整理すると　$160x \leqq 1800$

よって　$x \leqq 11.25$

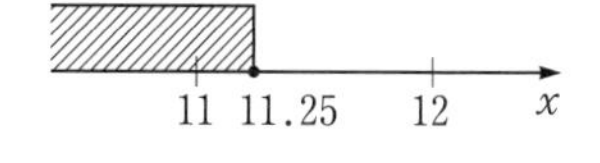

xは正の整数であるから，この不等式を満たす最大の値は11である。 **答** **11個まで買える。**

51a 標準 ある整数を5倍して3を足した数は，もとの数を8倍して9を引いた数より大きい。このような整数の中で，最も大きい整数を求めよ。

51b 標準 1個120gのみかんを300gの箱にいくつか入れるとする。重さの合計を3kg以上にするには，みかんを少なくとも何個入れる必要があるか。

検印

4 連立不等式

KEY 39 2つの不等式の解を数直線上に表し，共通な範囲を求める。

連立不等式

例 44 連立不等式 $\begin{cases} 4x-7<5 \\ 3-2x \leqq 7x-6 \end{cases}$ を解け。

解答 $4x-7<5$ を解くと，$4x<12$ から　$x<3$　……①

$3-2x \leqq 7x-6$ を解くと，$-9x \leqq -9$ から

$x \geqq 1$　……②

①と②の共通な範囲を求めて　$\mathbf{1 \leqq x < 3}$

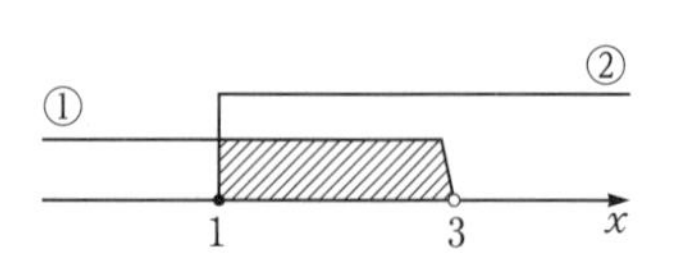

52a 標準 次の連立不等式を解け。

(1) $\begin{cases} 4x+3>7 \\ 3x-5<-x+7 \end{cases}$

(2) $\begin{cases} 3x-2 \leqq 5x-1 \\ 2x+5>2-x \end{cases}$

52b 標準 次の連立不等式を解け。

(1) $\begin{cases} 3x \leqq -x+12 \\ 2x-3 \geqq 6x+5 \end{cases}$

(2) $\begin{cases} 5x-3 \leqq 3(x+1) \\ 2(x-1)<3x-4 \end{cases}$

考えてみよう 6 連立不等式 $\begin{cases} 2x-3 \geqq -x \\ 4x+1 \leqq 2x+3 \end{cases}$ の解はどのようになるか考えてみよう。

検印

KEY 40　不等式 $A<B<C$ は，$A<B$ と $B<C$ が同時に成り立つことを表す。

$A<B<C$ 型

例 45　不等式 $3x \leqq 2x+6 \leqq 4x+12$ を解け。

解答
$$\begin{cases} 3x \leqq 2x+6 & \cdots\cdots ① \\ 2x+6 \leqq 4x+12 & \cdots\cdots ② \end{cases}$$

①から　　$x \leqq 6$　　……③

②から　$-2x \leqq 6$　　よって　$x \geqq -3$　　……④

③と④の共通な範囲を求めて　　$\boldsymbol{-3 \leqq x \leqq 6}$

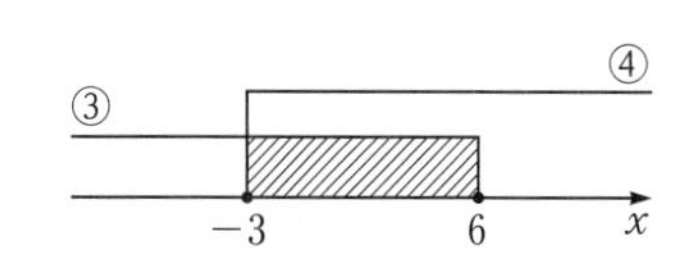

53a 標準　次の不等式を解け。

(1)　$3x-8<5x-4<4x$

(2)　$x+2 \leqq 3x+4 < 6x-2$

53b 標準　次の不等式を解け。

(1)　$2x+3<4(x-2)<3x$

(2)　$3(x-1) \leqq x \leqq 2(2-x)$

検印

例題 7 絶対値を含む方程式・不等式

次の方程式，不等式を解け。

(1) $|x|=4$　(2) $|x|<5$　(3) $|x|\geqq 6$

(4) $|x+2|=3$　(5) $|x-4|<2$

【ガイド】 絶対値を含む方程式，不等式を解くときは，次のことが利用できる。

$a>0$ のとき，方程式 $|\boldsymbol{x}|=\boldsymbol{a}$ の解は　$\boldsymbol{x}=\pm\boldsymbol{a}$
不等式 $|\boldsymbol{x}|<\boldsymbol{a}$ の解は　$-\boldsymbol{a}<\boldsymbol{x}<\boldsymbol{a}$
不等式 $|\boldsymbol{x}|>\boldsymbol{a}$ の解は　$\boldsymbol{x}<-\boldsymbol{a}$，$\boldsymbol{a}<\boldsymbol{x}$

◀「$x<-a$，$a<x$」は，$x<-a$ と $a<x$ をあわせた範囲を表す。

(4)，(5)では，| |の中を1つの文字のようにみる。

解答

(1) $\boldsymbol{x=\pm 4}$

(2) $\boldsymbol{-5<x<5}$

(3) $\boldsymbol{x\leqq -6,\ 6\leqq x}$

◀≦，≧のときも成り立つ。

(4) $|x+2|=3$

$x+2=\pm 3$

$x=-2\pm 3$

したがって　$\boldsymbol{x=1,\ -5}$

◀$x+2=A$ とおくと　$|A|=3$
よって　$A=\pm 3$

◀$-2+3=1$，$-2-3=-5$

(5) $|x-4|<2$

$-2<x-4<2$

$-2+4<x<2+4$

したがって　$\boldsymbol{2<x<6}$

◀$x-4=A$ とおくと　$|A|<2$
よって　$-2<A<2$

◀各辺に4を足す。$(x-4)+4=x$

練習 7　次の方程式，不等式を解け。

(1) $|x|=7$　(2) $|x|\leqq 1$　(3) $|x|>3$

(4) $|x+5|=1$　(5) $|x-3|<4$　(6) $|x-1|>2$

検印

例題 8 絶対値を含むやや複雑な方程式

方程式 $|x-1|=2x+4$ を解け。

【ガイド】 | |の中の符号で場合分けをして| |をはずす。それぞれの場合で求めた方程式の解が，場合分けの条件を満たすかどうかに注意する。場合分けの条件を満たす解を合わせたものが，もとの方程式の解である。

解答 (i) $x-1 \geqq 0$，すなわち　$x \geqq 1$　……①

のとき，$|x-1|=x-1$ であるから，　◀$A \geqq 0$ のとき　$|A|=A$

方程式は　$x-1=2x+4$

よって　　$x=-5$

これは，①を満たさないから解ではない。

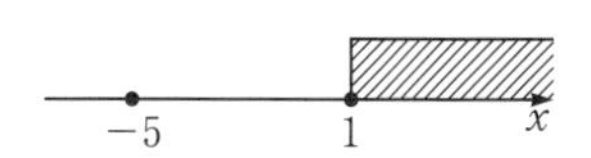

(ii) $x-1<0$，すなわち　$x<1$　……②

のとき，$|x-1|=-(x-1)$ であるから，　◀$A<0$ のとき　$|A|=-A$

方程式は　$-(x-1)=2x+4$

よって　　$x=-1$

これは，②を満たすから解である。

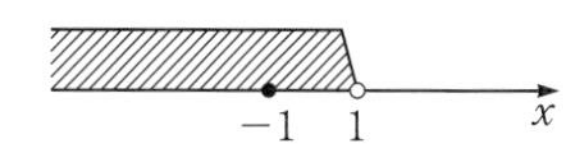

(i)，(ii)から，求める解は　$\boldsymbol{x=-1}$　◀(i)，(ii)の解を合わせたものが，もとの方程式の解である。

練習 8 次の方程式を解け。

(1) $|x|=3x+8$　　(2) $|x+1|=2x-1$

検印

2章の ウォーミングアップ

1 節 2次関数とそのグラフ

1 関数，$y=ax^2$ のグラフ

KEY 41 関数

x の値が1つ決まると，それに対応する y の値がただ1つ決まるとき，y は x の関数であるという。変数 x のとり得る値の範囲を，この関数の定義域という。

例 46 2000 m の道のりを毎分 50 m で歩く。歩きはじめてから x 分後の残りの道のりを y m として，y を x の式で表せ。また，定義域を示せ。

解答 $y=2000-50x$　　定義域は　$0\leqq x\leqq 40$　　◀$x\geqq 0$ かつ $2000-50x\geqq 0$

54a 基本 42 km の道のりを毎時 7 km で走る。走りはじめてから x 時間後の残りの道のりを y km として，y を x の式で表せ。また，定義域を示せ。

54b 基本 長さ 18 cm のろうそくがある。このろうそくは，火をつけると，1分間で 2 cm ずつ短くなる。x 分後のろうそくの長さを y cm として，y を x の式で表せ。また，定義域を示せ。

検印

KEY 42 関数の値

関数 $y=f(x)$ において，$f(a)$ の値は x に a を代入して計算する。

例 47 関数 $f(x)=-x^2+1$ において，$f(-1)$，$f(0)$，$f(a+1)$ の値を求めよ。

解答 $f(-1)=-(-1)^2+1=-1+1=\mathbf{0}$，$f(0)=-0^2+1=\mathbf{1}$

$f(a+1)=-(a+1)^2+1=-(a^2+2a+1)+1=\mathbf{-a^2-2a}$

55a 基本 関数 $f(x)=x^2-1$ において，$f(3)$，$f(0)$，$f(a-1)$ の値を求めよ。

55b 基本 関数 $f(x)=-x^2-x$ において，$f(2)$，$f(-2)$，$f(2a)$ の値を求めよ。

検印

KEY 43 関数の値域

関数 $y=f(x)$ において，x が定義域のすべての値をとるとき，それに対応して y がとり得る値の範囲を，この関数の値域という。

例 48 関数 $y=-2x+4$ $(0\leqq x\leqq 3)$ のグラフをかけ。
また，値域を求めよ。

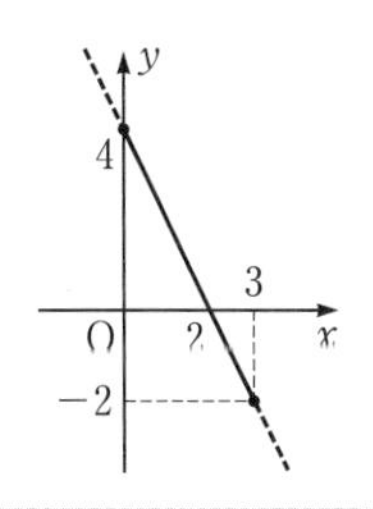

解答 グラフは右の図のようになる。
また，値域は　$-2\leqq y\leqq 4$

56a 基本 関数 $y=3x+2$ $(-2\leqq x\leqq 0)$ のグラフをかけ。また，値域を求めよ。

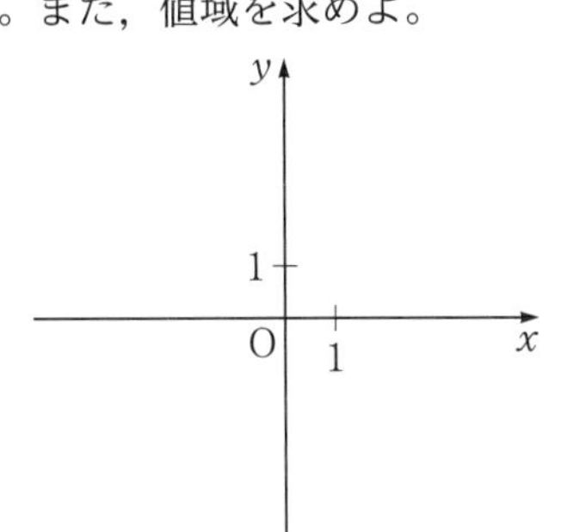

56b 基本 関数 $y=-\frac{1}{2}x-1$ $(-4\leqq x\leqq 2)$ のグラフをかけ。また，値域を求めよ。

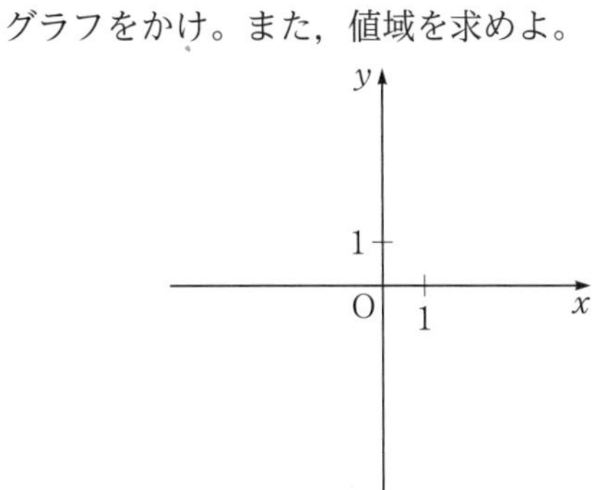

KEY 44 $y=ax^2$ のグラフ

$y=ax^2$ のグラフは，軸が y 軸，頂点が原点の放物線で，
$a>0$ のとき下に凸，　$a<0$ のとき上に凸

例 49 2 次関数 $y=3x^2$ のグラフをかけ。

解答 x と y の対応表は次のようになる。

x	…	-3	-2	-1	0	1	2	3	…
$3x^2$	…	27	12	3	0	3	12	27	…

したがって，グラフは右の図のようになる。

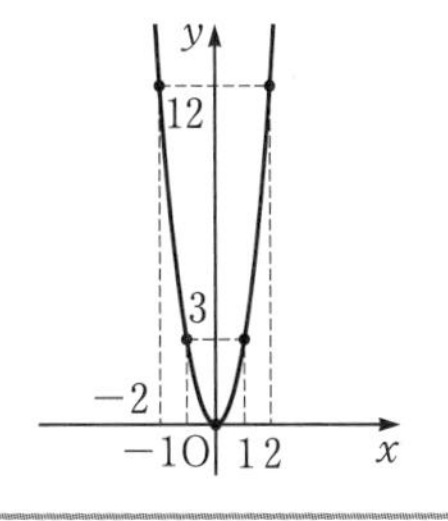

57a 基本 2 次関数 $y=2x^2$ について，次の表を完成し，そのグラフをかけ。

x	…	-3	-2	-1	0	1	2	3	…
$2x^2$	…								…

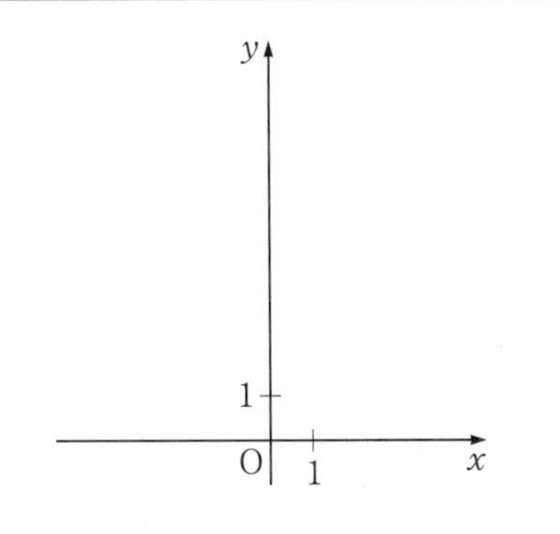

57b 基本 2 次関数 $y=-x^2$ について，次の表を完成し，そのグラフをかけ。

x	…	-3	-2	-1	0	1	2	3	…
$-x^2$	…								…

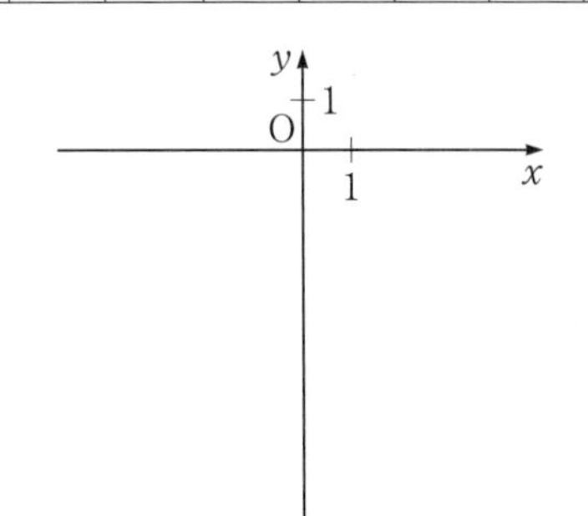

2章 2次関数

検印

検印

2　2次関数のグラフの移動(1)

KEY 45

$y=ax^2+q$ のグラフ

$y=ax^2+q$ のグラフは，$y=ax^2$ のグラフを
　　y 軸方向に q
だけ平行移動した放物線で，
　　軸は y 軸(直線 $x=0$)
　　頂点は点$(0,\ q)$

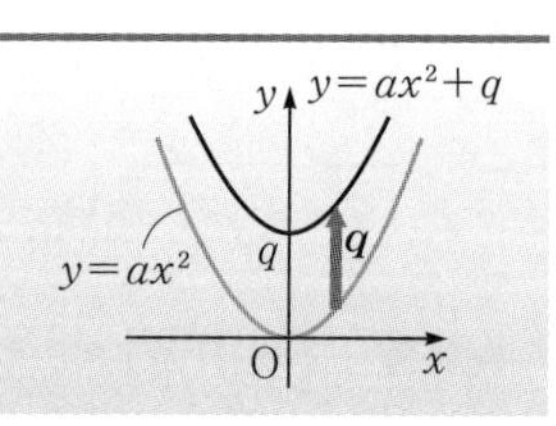

例 50　2次関数 $y=3x^2+3$ のグラフの軸と頂点を求め，そのグラフをかけ。

解答　$y=3x^2+3$ のグラフは，$y=3x^2$ のグラフを
　　y 軸方向に 3
だけ平行移動した放物線で，
　　軸は y 軸，頂点は点$(0,\ 3)$
よって，グラフは右の図のようになる。

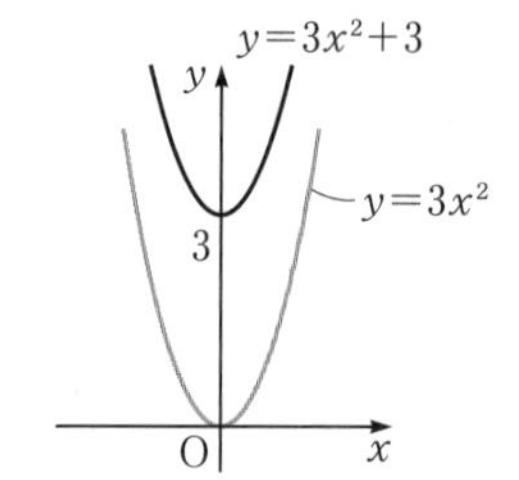

58a 基本　次の2次関数のグラフの軸と頂点を求め，そのグラフをかけ。

(1)　$y=x^2+1$

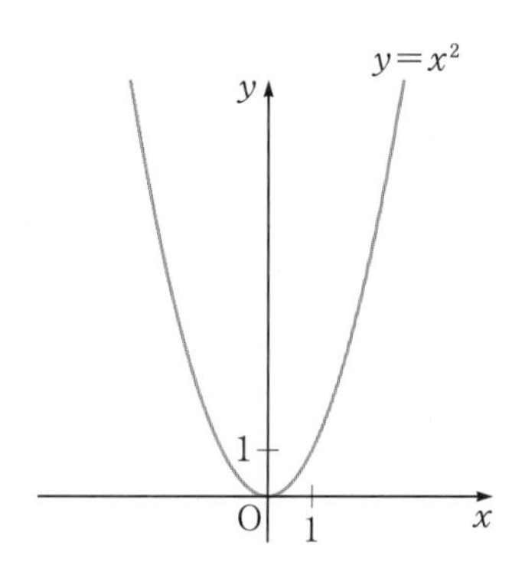

(2)　$y=x^2-2$

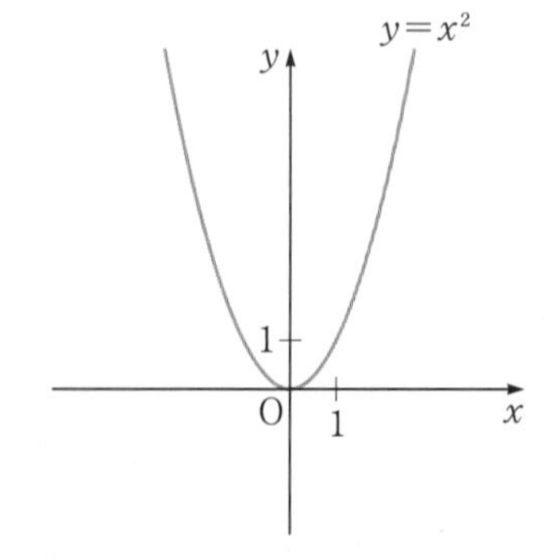

58b 基本　次の2次関数のグラフの軸と頂点を求め，そのグラフをかけ。

(1)　$y=-2x^2+3$

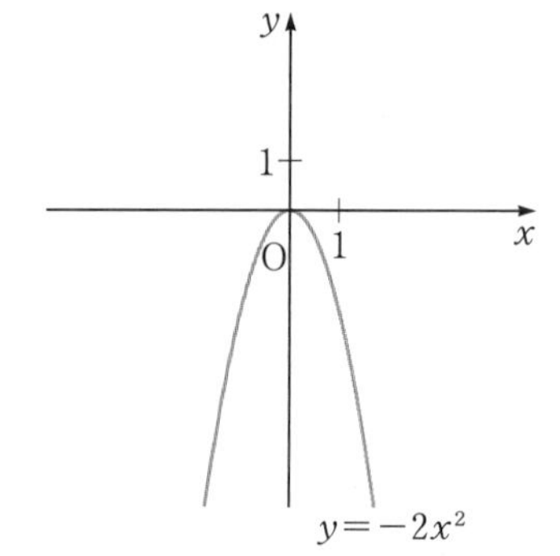

(2)　$y=-2x^2-1$

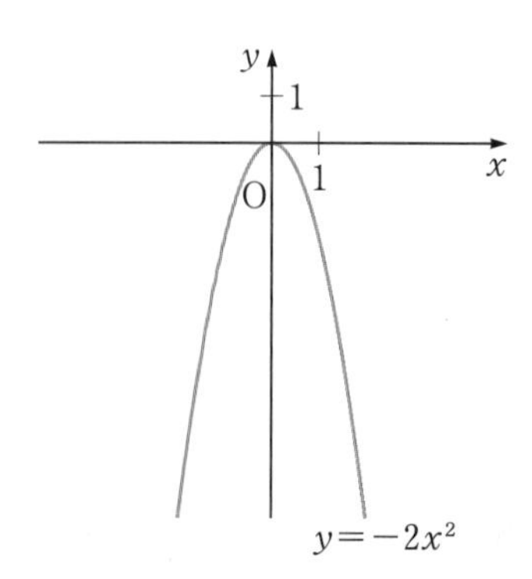

検印

KEY 46 $y=a(x-p)^2$ のグラフ

$y=a(x-p)^2$ のグラフは，$y=ax^2$ のグラフを
　x 軸方向に p
だけ平行移動した放物線で，
　軸は直線 $x=p$
　頂点は点$(p,\ 0)$

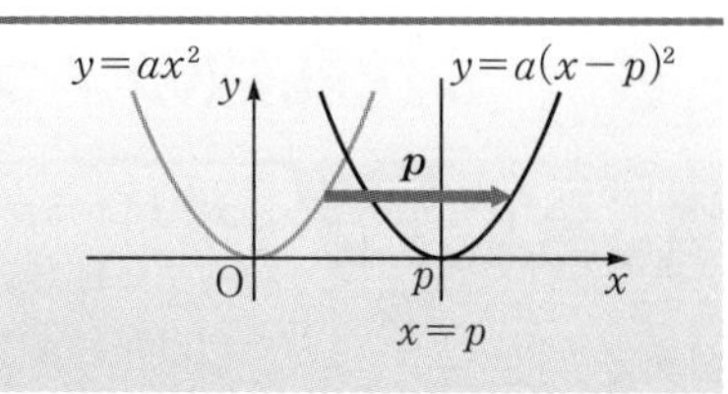

例 51　2 次関数 $y=3(x-2)^2$ のグラフの軸と頂点を求め，そのグラフをかけ。

解答　$y=3(x-2)^2$ のグラフは，$y=3x^2$ のグラフを
　x 軸方向に 2
だけ平行移動した放物線で，
　軸は直線 $x=2$，頂点は点$(2,\ 0)$
よって，グラフは右の図のようになる。

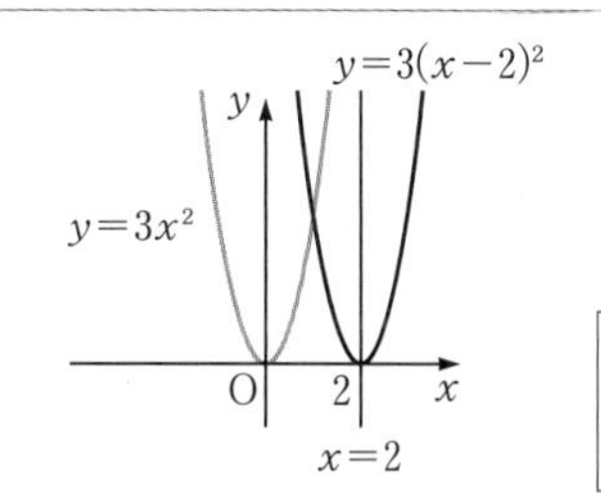

59a 基本　次の 2 次関数のグラフの軸と頂点を求め，そのグラフをかけ。

(1)　$y=(x-2)^2$

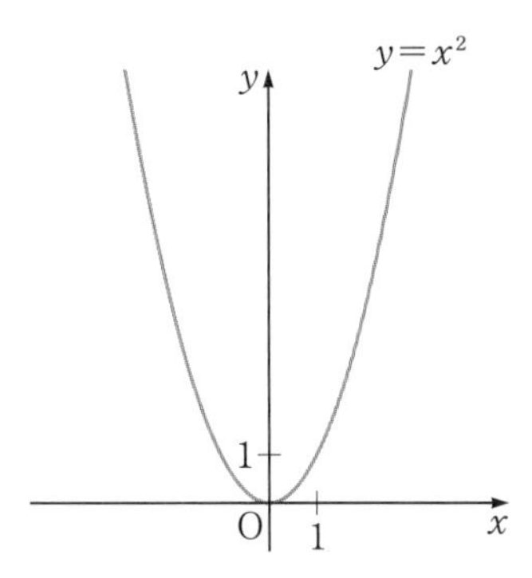

(2)　$y=-(x+1)^2$

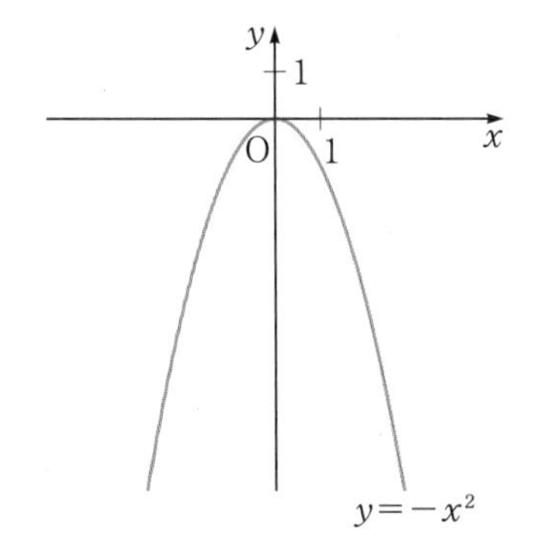

59b 基本　次の 2 次関数のグラフの軸と頂点を求め，そのグラフをかけ。

(1)　$y=2(x+3)^2$

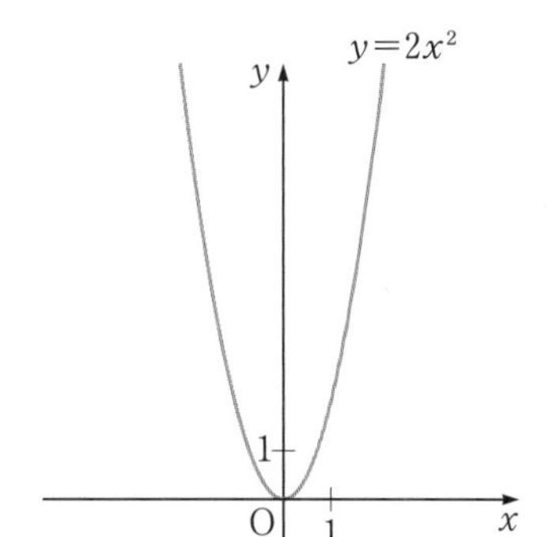

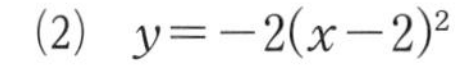

(2)　$y=-2(x-2)^2$

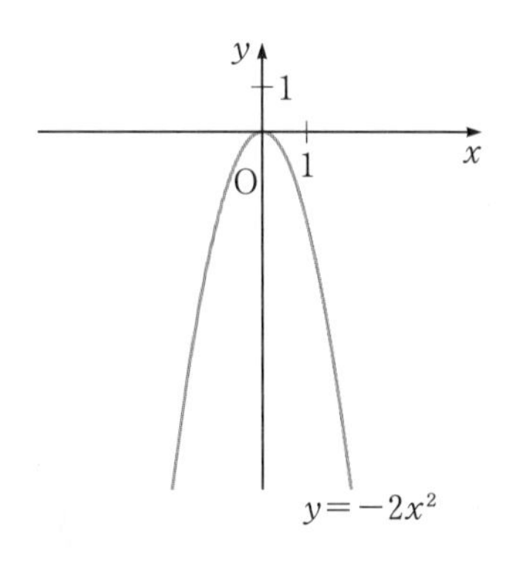

3 2次関数のグラフの移動(2)

KEY 47
$y=a(x-p)^2+q$ のグラフ

$y=a(x-p)^2+q$ のグラフは，$y=ax^2$ のグラフを
x 軸方向に p，y 軸方向に q
だけ平行移動した放物線で，
軸は直線 $x=p$
頂点は点$(p,\ q)$

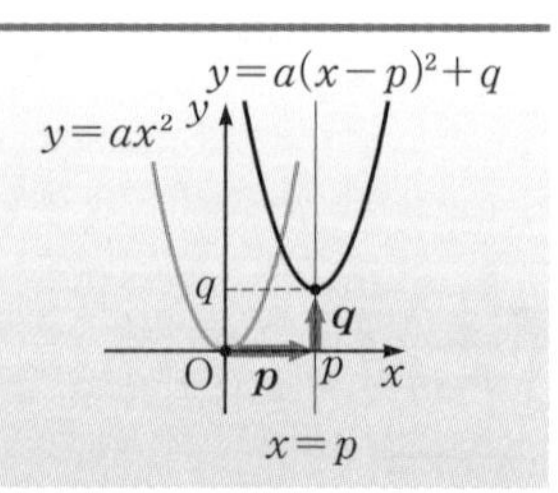

例 52 2次関数 $y=2(x-3)^2+1$ のグラフの軸と頂点を求め，そのグラフをかけ。

解答　$y=2(x-3)^2+1$ のグラフは，$y=2x^2$ のグラフを
x 軸方向に 3，y 軸方向に 1
だけ平行移動した放物線で，
軸は直線 $x=3$，頂点は点$(3,\ 1)$
よって，グラフは右の図のようになる。

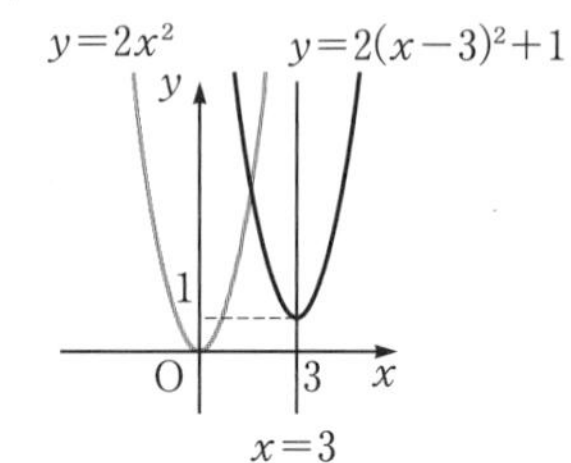

60a 基本 次の2次関数のグラフの軸と頂点を求め，そのグラフをかけ。

(1)　$y=(x-2)^2+1$

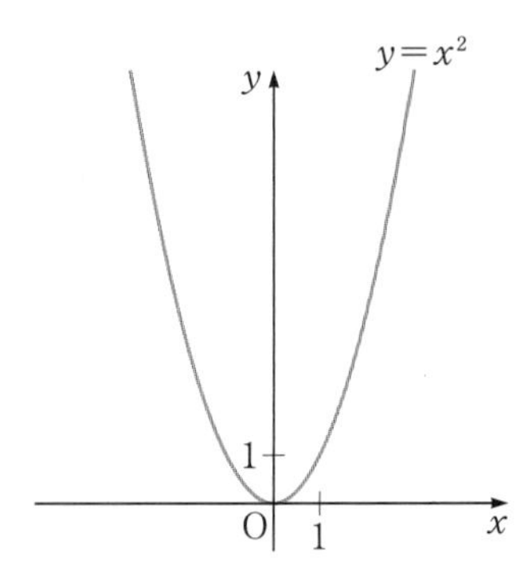

(2)　$y=-(x+2)^2+3$

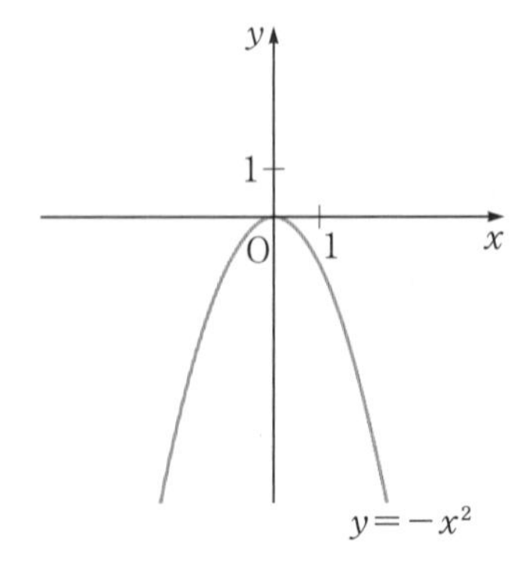

60b 基本 次の2次関数のグラフの軸と頂点を求め，そのグラフをかけ。

(1)　$y=2(x+1)^2-4$

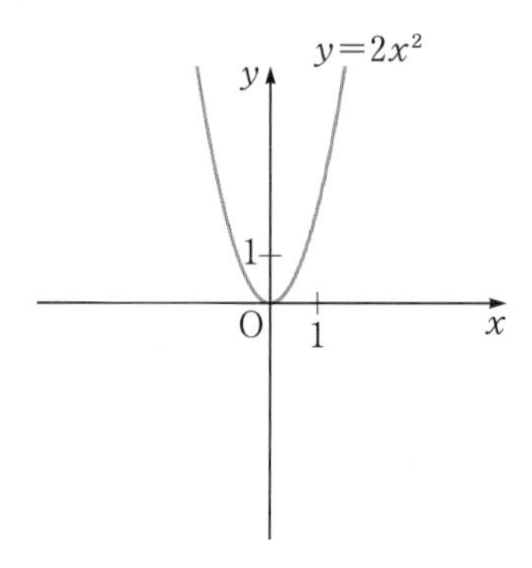

(2)　$y=-\dfrac{1}{2}(x-1)^2-1$

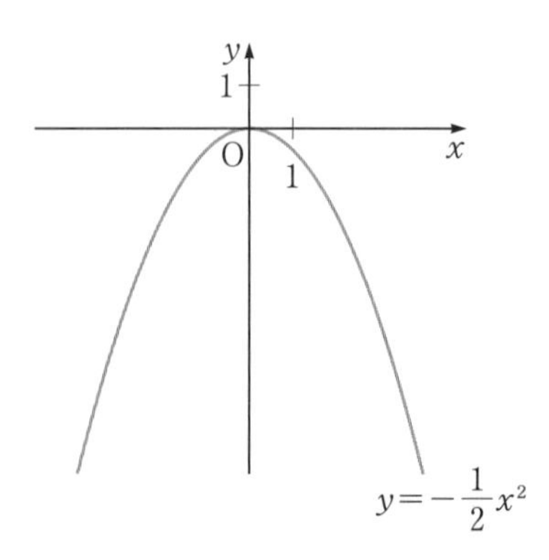

検印

KEY 48 2次関数のグラフの平行移動

頂点の座標に注目する。

$y=ax^2$ ⟶ $y=a(x-p)^2+q$

頂点は原点(0, 0)　　x軸方向に p、y軸方向に q だけ平行移動　　頂点は点(p, q)

例 53 2次関数 $y=2x^2$ のグラフを，x軸方向に3，y軸方向に -1 だけ平行移動した放物線をグラフとする2次関数を $y=a(x-p)^2+q$ の形で求めよ。

解答 求める2次関数のグラフは，$y=2x^2$ のグラフを頂点が点$(3,\ -1)$になるように平行移動した放物線である。

したがって　　$\boldsymbol{y=2(x-3)^2-1}$

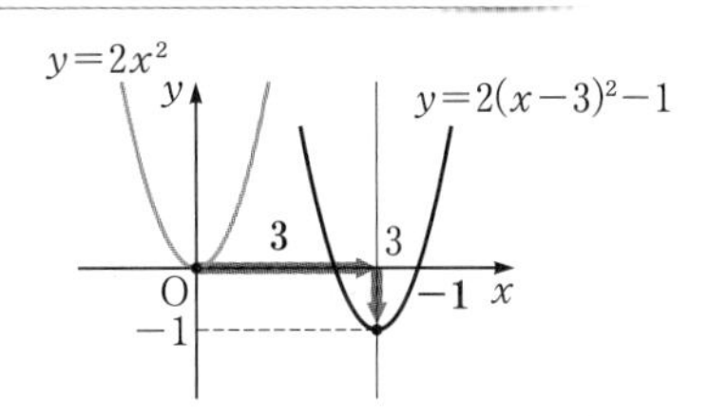

61a 基本 2次関数 $y=3x^2$ のグラフを，次のように平行移動した放物線をグラフとする2次関数を $y=a(x-p)^2+q$ の形で求めよ。

(1) y軸方向に1

(2) x軸方向に -4

(3) x軸方向に1，y軸方向に4

(4) x軸方向に -3，y軸方向に2

61b 基本 2次関数 $y=-2x^2$ のグラフを，次のように平行移動した放物線をグラフとする2次関数を $y=a(x-p)^2+q$ の形で求めよ。

(1) y軸方向に5

(2) x軸方向に -1

(3) x軸方向に2，y軸方向に -3

(4) x軸方向に -4，y軸方向に -1

検印

4 $y=ax^2+bx+c$ の変形

KEY 49

$y=(x-p)^2+q$ の形に変形

① 次の等式を利用して，平方の差を作る。

$$x^2+mx=\left(x+\frac{m}{2}\right)^2-\left(\frac{m}{2}\right)^2 \qquad x^2-mx=\left(x-\frac{m}{2}\right)^2-\left(\frac{m}{2}\right)^2$$

半分　　　半分

② 定数項を計算する。

例 54 次の2次関数を $y=(x-p)^2+q$ の形に変形せよ。

(1) $y=x^2+4x-3$　　(2) $y=x^2-3x+1$

解答 (1) $y=x^2+4x-3=(x+2)^2-2^2-3=\boldsymbol{(x+2)^2-7}$

(2) $y=x^2-3x+1=\left(x-\frac{3}{2}\right)^2-\left(\frac{3}{2}\right)^2+1=\left(x-\frac{3}{2}\right)^2-\frac{9}{4}+\frac{4}{4}=\boldsymbol{\left(x-\frac{3}{2}\right)^2-\frac{5}{4}}$

62a 基本 次の2次関数を $y=(x-p)^2+q$ の形に変形せよ。

(1) $y=x^2+2x$

(2) $y=x^2+4x+5$

(3) $y=x^2+3x$

(4) $y=x^2+x-2$

62b 基本 次の2次関数を $y=(x-p)^2+q$ の形に変形せよ。

(1) $y=x^2-6x+2$

(2) $y=x^2-8x-1$

(3) $y=x^2-x+5$

(4) $y=x^2+5x-3$

検印

KEY 50

$y=a(x-p)^2+q$ の形に変形

① 定数項以外を x^2 の係数でくくる。
② { }の中で平方の差を作る。
③ { }をはずし，定数項を計算する。

次の 2 次関数を $y=a(x-p)^2+q$ の形に変形せよ。

(1) $y=2x^2+8x+1$　　(2) $y=-x^2-2x+5$

(1) $y=2x^2+8x+1=2(x^2+4x)+1=2\{(x+2)^2-2^2\}+1=2(x+2)^2-8+1=\mathbf{2(x+2)^2-7}$

(2) $y=-x^2-2x+5=-(x^2+2x)+5=-\{(x+1)^2-1^2\}+5=-(x+1)^2+1+5=\mathbf{-(x+1)^2+6}$

63a 基本

次の 2 次関数を $y=a(x-p)^2+q$ の形に変形せよ。

(1) $y=2x^2-4x$

(2) $y=4x^2+16x+3$

(3) $y=-x^2+6x-1$

(4) $y=-x^2-x+3$

63b 基本

次の 2 次関数を $y=a(x-p)^2+q$ の形に変形せよ。

(1) $y=3x^2-6x-2$

(2) $y=2x^2+4x-1$

(3) $y=-2x^2-8x-3$

(4) $y=\dfrac{1}{2}x^2-x$

検印

5 $y=ax^2+bx+c$ のグラフ

KEY 51
$y=ax^2+bx+c$ のグラフ

$y=a(x-p)^2+q$ の形に変形して，軸の式と頂点の座標を求める。
$a>0$ のとき下に凸　　$a<0$ のとき上に凸
y 軸との交点は点$(0,\ c)$

例 56 2 次関数 $y=2x^2-4x+5$ のグラフの軸と頂点を求め，そのグラフをかけ。

解答　$y=2x^2-4x+5=2(x-1)^2+3$
よって，この関数のグラフは，
　　軸が直線 $x=1$，頂点が点$(1,\ 3)$
の下に凸の放物線である。
また，y 軸との交点は点$(0,\ 5)$である。
したがって，グラフは右の図のようになる。

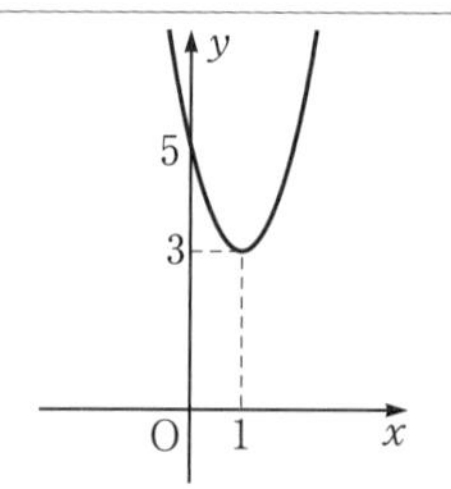

64a 基本 次の 2 次関数のグラフの軸と頂点を求め，そのグラフをかけ。

(1) $y=x^2-2x-3$

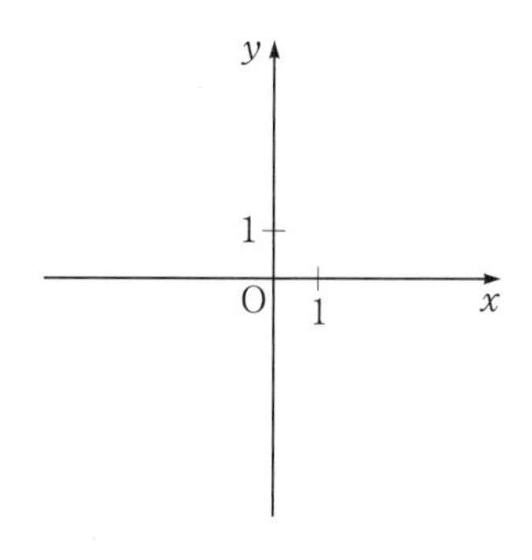

(2) $y=-x^2+6x-5$

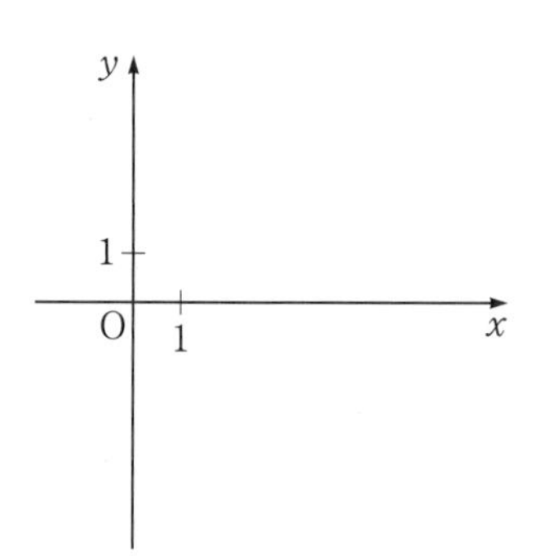

64b 基本 次の 2 次関数のグラフの軸と頂点を求め，そのグラフをかけ。

(1) $y=2x^2+4x+1$

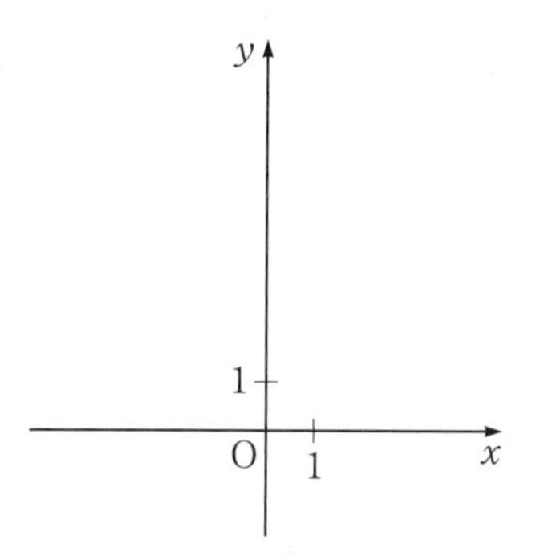

(2) $y=-2x^2+8x-3$

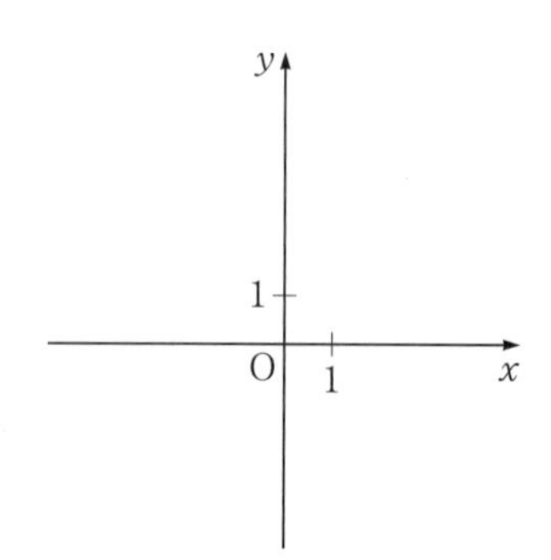

検印

KEY 52 放物線の平行移動

放物線を平行移動しても，それらを表す 2 次関数の x^2 の係数は変わらない。
放物線の頂点の移動に着目する。

例 57 放物線 $y=2x^2+4x+5$ を x 軸方向に 4，y 軸方向に -5 だけ平行移動した放物線をグラフとする 2 次関数を求めよ。

解答 $y=2x^2+4x+5=2(x+1)^2+3$ から，頂点は点$(-1,\ 3)$である。
この放物線を x 軸方向に 4，y 軸方向に -5 だけ平行移動すると，その頂点の座標は
$(-1+4,\ 3-5)$
すなわち　$(3,\ -2)$
x^2 の係数はもとの放物線と等しいから，求める 2 次関数は
$y=2(x-3)^2-2$　すなわち　$\boldsymbol{y=2x^2-12x+16}$

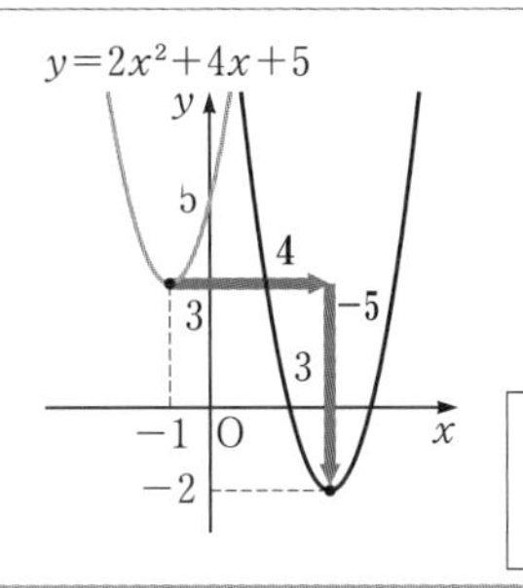

65a 標準 放物線 $y=x^2-2x+4$ を x 軸方向に -3，y 軸方向に -8 だけ平行移動した放物線をグラフとする 2 次関数を求めよ。

65b 標準 放物線 $y=-x^2-4x+4$ を x 軸方向に -1，y 軸方向に -9 だけ平行移動した放物線をグラフとする 2 次関数を求めよ。

考えてみよう 7 次の□に適切な式を入れてみよう。

2 次関数 $y=ax^2+bx+c$ の式は，次のように $y=a(x-p)^2+q$ の形に変形できる。

$$y=ax^2+bx+c=a\left(x^2+\frac{b}{a}x\right)+c=a\left\{\left(x+\frac{b}{\square}\right)^2-\left(\frac{b}{\square}\right)^2\right\}+c$$

$$=a\left(x+\frac{b}{\square}\right)^2-\frac{b^2}{\square}+c=a\left(x+\frac{b}{\square}\right)^2-\frac{\square}{\square}$$

これより，2 次関数 $y=ax^2+bx+c$ のグラフは，$y=ax^2$ のグラフを平行移動した放物線で，

軸は直線 $x=$ □，頂点は点(□，□)である。

2章 2次関数

検印

6　2次関数の最大・最小

KEY 53
定義域に制限がない場合

$y=ax^2+bx+c$ を $y=a(x-p)^2+q$ の形に変形する。
　$a>0$ のとき，$x=p$ で最小値 q をとり，最大値はない。
　$a<0$ のとき，$x=p$ で最大値 q をとり，最小値はない。

例 58　2次関数 $y=2x^2-4x+3$ に最大値，最小値があれば，それを求めよ。

解答　$y=2x^2-4x+3$
　　$=2(x-1)^2+1$
よって，y は $x=1$ で最小値 1 をとり，
　　　　最大値はない。

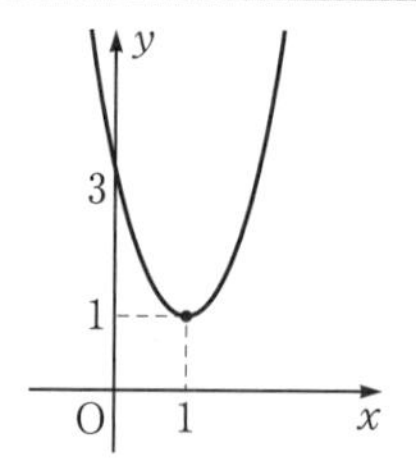

66a 基本　次の2次関数に最大値，最小値があれば，それを求めよ。

(1)　$y=2(x-3)^2+5$

(2)　$y=x^2+2x-5$

(3)　$y=-2x^2-8x-3$

66b 基本　次の2次関数に最大値，最小値があれば，それを求めよ。

(1)　$y=3x^2-6x+1$

(2)　$y=-x^2-6x$

(3)　$y=-x^2+3x+2$

検印

KEY 54 定義域に制限がある場合

頂点の x 座標が定義域に含まれているかどうかに注目し，頂点の y 座標や定義域の両端における y 座標を調べる。

例 59 2 次関数 $y=2x^2-4x+1\ (-1 \leqq x \leqq 2)$ の最大値および最小値を求めよ。

解答 $y=2(x-1)^2-1$ より，このグラフの頂点は点$(1,\ -1)$である。
$-1 \leqq x \leqq 2$ におけるグラフは，右の図の実線で表された部分である。
よって，y は **$x=-1$ で最大値 7，**
$x=1$ で最小値 -1
をとる。

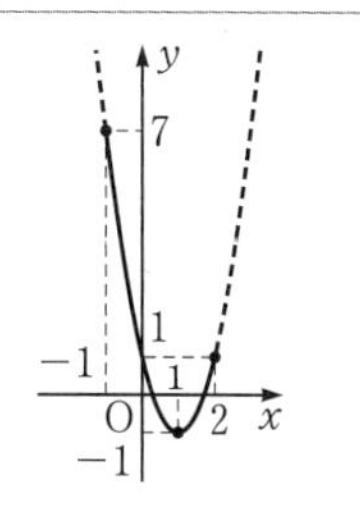

67a 基本 次の 2 次関数の最大値および最小値を求めよ。

(1) $y=x^2-2x-2\quad (0 \leqq x \leqq 3)$

(2) $y=x^2+4x\quad (-1 \leqq x \leqq 1)$

(3) $y=-x^2+4x-1\quad (-1 \leqq x \leqq 3)$

67b 基本 次の 2 次関数の最大値および最小値を求めよ。

(1) $y=2x^2+4x-3\quad (-2 \leqq x \leqq 1)$

(2) $y=-x^2+6x-3\quad (-1 \leqq x \leqq 1)$

(3) $y=x^2+2x-1\quad (-2 \leqq x \leqq 0)$

検印

KEY 55 最大・最小の文章題

① 適当な変数をxとおく。
② xのとり得る値の範囲を求める。
③ 最大値，最小値を求めようとしている量をyとし，yをxの関数で表す。
④ ②のxの値の範囲を定義域として考え，yの最大値，最小値を求める。

例 60 直角をはさむ2辺AC，BCの長さの和が10であるような直角三角形ABCがある。斜辺ABの長さの平方の最小値を求めよ。また，そのときのACの長さを求めよ。

解答 ACの長さをxとすると，BCの長さは$10-x$である。
辺の長さは正であるから　$x>0$ かつ $10-x>0$
よって　$0<x<10$　……①
斜辺ABの長さの平方をyとすると
$$y=x^2+(10-x)^2=2x^2-20x+100=2(x-5)^2+50$$
①の範囲におけるグラフは，右の図の実線で表された部分である。
よって，yは$x=5$で最小値50をとる。

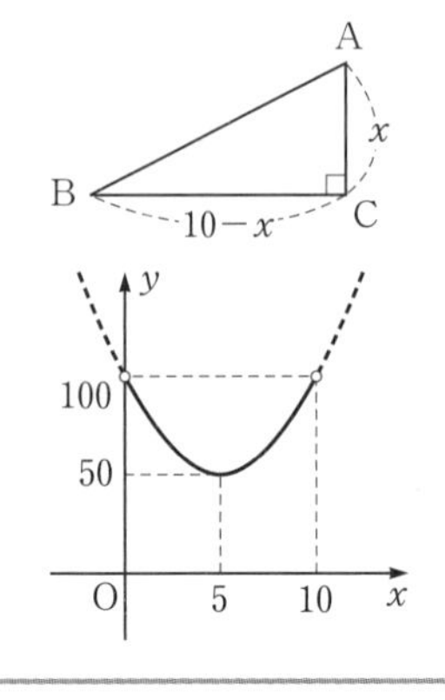

答 ACが5のとき，最小値は50

68a 標準 長さ12の線分AB上に点Pをとり，AP，PBをそれぞれ1辺とする2つの正方形を作る。このとき，2つの正方形の面積の和の最小値を求めよ。また，そのときのAPの長さを求めよ。

68b 標準 長さ16cmの針金を折り曲げて作る長方形の面積の最大値を求めよ。また，そのときの縦と横の長さを求めよ。

検印

2次関数の決定

KEY 56
頂点と通る1点

① 頂点が点$(p,\ q)$のとき，求める2次関数は，$y=a(x-p)^2+q$ とおける。
② 頂点以外に通る点の条件から，a の値を求める。

例 61 頂点が点(1，2)で，点(3，6)を通る放物線をグラフとする2次関数を求めよ。

解答 頂点が点(1，2)であるから，求める2次関数は $y=a(x-1)^2+2$ と表される。
このグラフが点(3，6)を通るから，$x=3$ のとき $y=6$ である。
よって　$6=a(3-1)^2+2$　　これを解いて　$a=1$
したがって，求める2次関数は　$y=(x-1)^2+2$　すなわち　$\boldsymbol{y=x^2-2x+3}$

69a 標準 グラフが次の条件を満たすような2次関数を求めよ。

(1) 頂点が点(2，1)で，点(4，5)を通る。

(2) 頂点が点(−2，1)で，点(−1，0)を通る。

69b 標準 グラフが次の条件を満たすような2次関数を求めよ。

(1) 頂点が点(2，−3)で，点(3，1)を通る。

(2) 頂点が点(−1，−4)で，y 軸との交点が点(0，−2)である。

検印

KEY 57 軸と通る2点

① 軸が直線 $x=p$ のとき，求める2次関数は，$y=a(x-p)^2+q$ とおける。
② 通る2点の条件から，a，q の値を求める。

例 62 軸が直線 $x=-1$ で，2点$(1,\ 2)$，$(-2,\ -4)$を通る放物線をグラフとする2次関数を求めよ。

解答 軸が直線 $x=-1$ であるから，求める2次関数は $y=a(x+1)^2+q$ と表される。

このグラフが2点$(1,\ 2)$，$(-2,\ -4)$を通るから $\begin{cases} 2=a(1+1)^2+q \\ -4=a(-2+1)^2+q \end{cases}$

整理すると $\begin{cases} 4a+q=2 \\ a+q=-4 \end{cases}$ これを解いて $a=2$，$q=-6$

したがって，求める2次関数は $y=2(x+1)^2-6$ すなわち $\boldsymbol{y=2x^2+4x-4}$

70a 標準 グラフが次の条件を満たすような2次関数を求めよ。

(1) 軸が直線 $x=2$ で，2点$(0,\ 5)$，$(3,\ -1)$を通る。

(2) 軸が y 軸で，2点$(2,\ -1)$，$(-4,\ 5)$を通る。

70b 標準 グラフが次の条件を満たすような2次関数を求めよ。

(1) 軸が直線 $x=-1$ で，2点$(-2,\ 7)$，$(2,\ -9)$を通る。

(2) 軸が直線 $x=\frac{1}{2}$ で，2点$(1,\ 1)$，$(-1,\ 3)$を通る。

検印

KEY 58

通る3点

① 求める2次関数を $y=ax^2+bx+c$ とおく。
② 通る点の条件から，a，b，c に関する連立方程式を作る。
③ ②の連立方程式を解いて，a，b，c の値を求める。

例 63 3点(0, 1), (1, 0), (2, 1)を通る放物線をグラフとする2次関数を求めよ。

解答 求める2次関数を $y=ax^2+bx+c$ とする。

このグラフが3点(0, 1), (1, 0), (2, 1)を通るから

$$\begin{cases} c=1 & \cdots\cdots① \\ a+b+c=0 & \cdots\cdots② \\ 4a+2b+c=1 & \cdots\cdots③ \end{cases}$$

①を②，③に代入して　$a+b=-1$　……④

$4a+2b=0$　……⑤

④，⑤を連立させて解いて　$a=1$，$b=-2$

したがって，求める2次関数は　$\boldsymbol{y=x^2-2x+1}$

71a 標準 3点(0, 2), (1, 0), (2, −4)を通る放物線をグラフとする2次関数を求めよ。

71b 標準 3点(−1, 2), (2, 5), (0, −1)を通る放物線をグラフとする2次関数を求めよ。

検印

ステップアップ

例題 9　グラフの平行移動

放物線 $y=2x^2-4x-1$ を，x 軸方向に 3，y 軸方向に -2 だけ平行移動して得られる放物線の方程式を求めよ。

【ガイド】 放物線 $y=ax^2$ を，x 軸方向に p，y 軸方向に q だけ平行移動した放物線は $y=a(x-p)^2+q$ と表される。
これを $y-q=a(x-p)^2$ と変形すると，この式は $y=ax^2$ の

x を $x-p$，　y を $y-q$

におきかえた式になっていることがわかる。同様に考えると，次のことが成り立つ。

> **放物線 $y=ax^2+bx+c$ を**
> **x 軸方向に p，y 軸方向に q だけ平行移動した放物線は**
> $$y-q=a(x-p)^2+b(x-p)+c$$
> **と表される。**

◀x を $x-p$，y を $y-q$ におきかえる。

解答 求める放物線の方程式は

$y-(-2)=2(x-3)^2-4(x-3)-1$

◀x を $x-3$，y を $y-(-2)$ におきかえる。

すなわち　　$\boldsymbol{y=2x^2-16x+27}$

練習 9

放物線 $y=-x^2-4x+1$ を，次のように平行移動して得られる放物線の方程式を求めよ。

(1)　x 軸方向に 2，y 軸方向に 1

(2)　x 軸方向に -2，y 軸方向に -3

検印

例題 10　グラフの対称移動

放物線 $y=x^2+2x+3$ を，次の直線または点に関してそれぞれ対称移動して得られる放物線の方程式を求めよ。

(1)　x 軸　　(2)　y 軸　　(3)　原点

【ガイド】 右の図のように，点$(a,\ b)$は
　x 軸に関する対称移動で点$(a,\ -b)$
　y 軸に関する対称移動で点$(-a,\ b)$
　原点に関する対称移動で点$(-a,\ -b)$
にそれぞれ移される。
一般に，次のことが成り立つ。

関数 $\boldsymbol{y=f(x)}$ のグラフを，$\boldsymbol{x}$ 軸，$\boldsymbol{y}$ 軸，原点に関してそれぞれ対称移動して得られるグラフの方程式は，次のようになる。

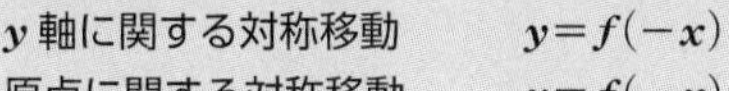

　x 軸に関する対称移動　　$\boldsymbol{-y=f(x)}$　　◀y を $-y$ におきかえる。
　y 軸に関する対称移動　　$\boldsymbol{y=f(-x)}$　　◀x を $-x$ におきかえる。
　原点に関する対称移動　　$\boldsymbol{-y=f(-x)}$　　◀x を $-x$，y を $-y$ におきかえる。

解答
(1)　求める放物線の方程式は　$-y=x^2+2x+3$　　◀y を $-y$ におきかえる。
　すなわち　$\boldsymbol{y=-x^2-2x-3}$

(2)　求める放物線の方程式は　$y=(-x)^2+2(-x)+3$　　◀x を $-x$ におきかえる。
　すなわち　$\boldsymbol{y=x^2-2x+3}$

(3)　求める放物線の方程式は　$-y=(-x)^2+2(-x)+3$　　◀x を $-x$，y を $-y$ におきかえる。
　すなわち　$\boldsymbol{y=-x^2+2x-3}$

練習 10　放物線 $y=-2x^2+4x+1$ を，次の直線または点に関してそれぞれ対称移動して得られる放物線の方程式を求めよ。

(1)　x 軸

(2)　y 軸

(3)　原点

検印

例題 11　連立3元1次方程式の解法

連立3元1次方程式 $\begin{cases} a+b+c=4 \\ 4a+2b+c=11 \\ 9a+3b+c=22 \end{cases}$ を解け。

【ガイド】まず，消去しやすい文字 c を消去して，a と b の連立方程式を導き，それを解く。

解答

$\begin{cases} a+b+c=4 & \cdots\cdots① \\ 4a+2b+c=11 & \cdots\cdots② \\ 9a+3b+c=22 & \cdots\cdots③ \end{cases}$

②−①から　$3a+b=7$　……④　◀c を消去する。

③−②から　$5a+b=11$　……⑤

④，⑤から　$a=2$，$b=1$

これらの値を①に代入して　$c=1$

よって　$\boldsymbol{a=2}$，$\boldsymbol{b=1}$，$\boldsymbol{c=1}$

②−①から

$$\begin{array}{rl} & 4a+2b+c=11 \\ -) & a+b+c=4 \\ \hline & 3a+b=7 \end{array}$$

③−②から

$$\begin{array}{rl} & 9a+3b+c=22 \\ -) & 4a+2b+c=11 \\ \hline & 5a+b=11 \end{array}$$

練習 11

(1)　連立3元1次方程式 $\begin{cases} a-b+c=4 \\ 4a+2b+c=1 \\ 9a+3b+c=-4 \end{cases}$ を解け。

(2)　3点$(1,\ -1)$，$(2,\ 5)$，$(3,\ 13)$を通る放物線をグラフとする2次関数を求めよ。

検印

例題 12　最大値・最小値が与えられた 2 次関数の決定

$x=-1$ で最小値 2 をとり，$x=-2$ のとき $y=4$ であるような 2 次関数を求めよ。

【ガイド】 ① 最大値や最小値に関する条件が与えられたとき，求める 2 次関数は，次のようにおける。
$x=p$ で最大値 q をとるとき　$y=a(x-p)^2+q$　　ただし　$a<0$
$x=p$ で最小値 q をとるとき　$y=a(x-p)^2+q$　　ただし　$a>0$
② 残りの条件から，a の値を求める。このとき，①の a の符号に適しているかを確認する。

解答 $x=-1$ で最小値 2 をとるから，求める 2 次関数は　　$y=a(x+1)^2+2$　　ただし　$a>0$
と表される。$x=-2$ のとき $y=4$ となるから　　$4=a+2$
これを解いて　　$a=2$　　　これは，$a>0$ を満たす。
したがって，求める 2 次関数は　　$y=2(x+1)^2+2$　　　　すなわち　　$\boldsymbol{y=2x^2+4x+4}$

練習 12 グラフが次の条件を満たすような 2 次関数を求めよ。

(1) $x=-3$ で最大値 7 をとり，$x=-4$ のとき $y=5$ である。

(2) $x=1$ で最小値をとり，グラフが 2 点$(2,\ -1)$，$(-1,\ 5)$を通る。

検印

例題 13　定義域が変化するときの最大値・最小値

2 次関数 $y=x^2-4x+5\ (0 \leqq x \leqq a)$ の最小値を，次の場合について求めよ。

(1)　$0<a<2$　　　　(2)　$2 \leqq a$

【ガイド】 a の値の範囲によって，放物線の軸が定義域内にあるかないかに注意する。

解答　$y=x^2-4x+5=(x-2)^2+1$ より，軸は直線 $x=2$ である。

(1)　$0<a<2$ のとき，　◀軸が定義域内にない。

$0 \leqq x \leqq a$ におけるグラフは，右の図の実線で表された部分である。

よって，y は

　　$\boldsymbol{x=a}$ **で最小値** $\boldsymbol{a^2-4a+5}$

をとる。

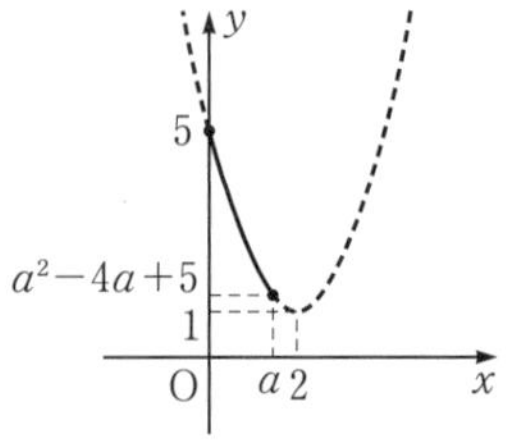

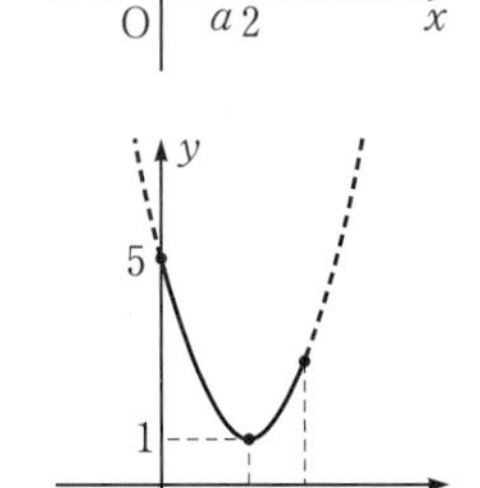

(2)　$2 \leqq a$ のとき，　◀軸が定義域内にある。

$0 \leqq x \leqq a$ におけるグラフは，右の図の実線で表された部分である。

よって，y は

　　$\boldsymbol{x=2}$ **で最小値 1**

をとる。

練習 13　2 次関数 $y=-x^2+6x-5\ (0 \leqq x \leqq a)$ の最大値を，次の場合について求めよ。

(1)　$0<a<3$

(2)　$3 \leqq a$

検印

例題 14 軸が変化するときの最大値・最小値

2 次関数 $y=x^2-2ax+1$ $(0\leqq x\leqq 1)$ の最小値を，次の場合について求めよ。

(1) $a<0$　　(2) $0\leqq a\leqq 1$　　(3) $1<a$

【ガイド】 a の値の範囲によって，放物線の軸が定義域内にあるかないかに注意する。

解答 $y=x^2-2ax+1=(x-a)^2-a^2+1$

より，軸は直線 $x=a$ である。

(1) $a<0$ のとき，　◀軸が定義域の左側にある。

$0\leqq x\leqq 1$ におけるグラフは，右の図の実線で表された部分である。

よって，y は $\boldsymbol{x=0}$ で**最小値 1** をとる。

(2) $0\leqq a\leqq 1$ のとき，　◀軸が定義域内にある。

$0\leqq x\leqq 1$ におけるグラフは，右の図の実線で表された部分である。

よって，y は $\boldsymbol{x=a}$ で**最小値** $\boldsymbol{-a^2+1}$ をとる。

(3) $1<a$ のとき，　◀軸が定義域の右側にある。

$0\leqq x\leqq 1$ におけるグラフは，右の図の実線で表された部分である。

よって，y は $\boldsymbol{x=1}$ で**最小値** $\boldsymbol{-2a+2}$ をとる。

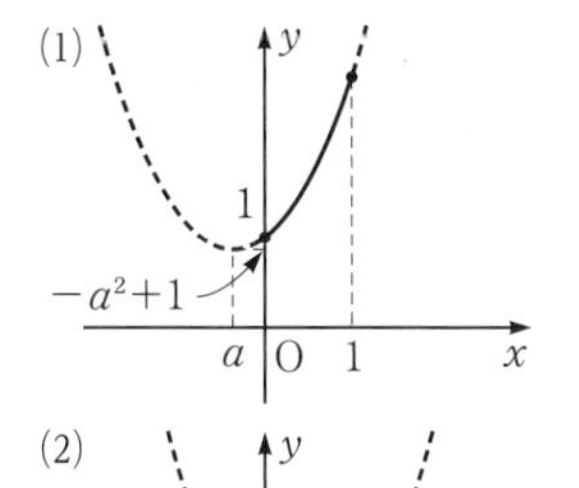

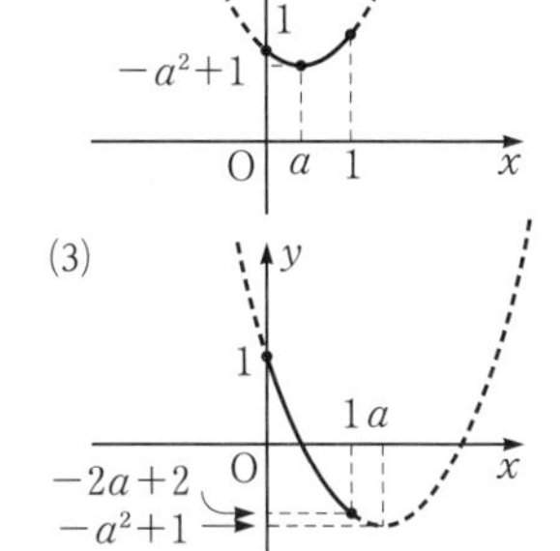

練習 14 2 次関数 $y=x^2-4ax+1$ $(0\leqq x\leqq 2)$ の最小値を，次の場合について求めよ。

(1) $a<0$

(2) $0\leqq a\leqq 1$

(3) $1<a$

2章 2次関数

検印

2節 2次方程式・2次不等式

1 2次方程式の解法

KEY 59 因数分解による解法

① 2次方程式の左辺を因数分解する。
② $AB=0$ のとき，$A=0$ または $B=0$ を利用する。

例 64 2次方程式 $3x^2-4x-15=0$ を解け。

解答 左辺を因数分解して　$(x-3)(3x+5)=0$

よって　$x-3=0$ または $3x+5=0$　したがって　$x=3,\ -\dfrac{5}{3}$

72a 基本 次の2次方程式を解け。

(1) $x^2-5x+4=0$

(2) $x^2-25=0$

(3) $2x^2+3x+1=0$

(4) $2x^2-7x+3=0$

(5) $3x^2+7x-6=0$

72b 基本 次の2次方程式を解け。

(1) $2x^2-3x=0$

(2) $x^2-5x-6=0$

(3) $4x^2-4x+1=0$

(4) $2x^2-3x-2=0$

(5) $6x^2-13x+6=0$

検印

KEY 60 解の公式

2 次方程式 $ax^2+bx+c=0$ の解は　$x=\dfrac{-b\pm\sqrt{b^2-4ac}}{2a}$

例 65 次の 2 次方程式を解け。

(1)　$3x^2+x-1=0$　　(2)　$x^2-4x-6=0$

解答　(1)　$x=\dfrac{-1\pm\sqrt{1^2-4\cdot3\cdot(-1)}}{2\cdot3}=\dfrac{-1\pm\sqrt{13}}{6}$

(2)　$x=\dfrac{-(-4)\pm\sqrt{(-4)^2-4\cdot1\cdot(-6)}}{2\cdot1}=\dfrac{4\pm\sqrt{40}}{2}=\dfrac{4\pm2\sqrt{10}}{2}=2\pm\sqrt{10}$

73a 基本 次の 2 次方程式を解け。

(1)　$x^2+5x+2=0$

(2)　$2x^2-3x-3=0$

(3)　$x^2-6x+6=0$

73b 基本 次の 2 次方程式を解け。

(1)　$2x^2-x-4=0$

(2)　$x^2+4x-7=0$

(3)　$5x^2+12x+6=0$

考えてみよう 8　2 次方程式 $ax^2+2b'x+c=0$ の解は，$x=\dfrac{-b'\pm\sqrt{b'^2-ac}}{a}$ で表される。この公式を用いて，**例65**(2)の 2 次方程式を解いてみよう。

検印

2　2 次方程式の実数解の個数

KEY 61

2 次方程式の実数解の個数

2 次方程式 $ax^2+bx+c=0$ の判別式を $D=b^2-4ac$ とすると

$D>0$ のとき，異なる 2 個の実数解をもつ
$D=0$ のとき，1 個の実数解（重解）をもつ
（以上 $D \geqq 0$ のとき，実数解をもつ）
$D<0$ のとき，実数解をもたない

例 66　次の 2 次方程式の実数解の個数を求めよ。

(1)　$x^2+3x-1=0$　　(2)　$4x^2-12x+9=0$　　(3)　$2x^2-4x+3=0$

解答　与えられた 2 次方程式の判別式を D とする。

(1)　$D=3^2-4\cdot1\cdot(-1)=13>0$ であるから　**2 個**

(2)　$D=(-12)^2-4\cdot4\cdot9=0$ であるから　**1 個**

(3)　$D=(-4)^2-4\cdot2\cdot3=-8<0$ であるから　**0 個**

74a 基本　次の 2 次方程式の実数解の個数を求めよ。

(1)　$x^2-4x-6=0$

(2)　$2x^2+6x+7=0$

(3)　$x^2-8x+16=0$

74b 基本　次の 2 次方程式の実数解の個数を求めよ。

(1)　$3x^2+x-2=0$

(2)　$9x^2-6x+1=0$

(3)　$-x^2+5x-7=0$

考えてみよう 9　2 次方程式 $ax^2+2b'x+c=0$ の判別式 D は，$D=(2b')^2-4ac=4(b'^2-ac)$ であるから，$\dfrac{D}{4}=b'^2-ac$ の符号を調べてもよい。**例66**(2)の実数解の個数を，$\dfrac{D}{4}$ を用いて求めてみよう。

例 67 2次方程式 $x^2+6x-m=0$ の解が次の条件を満たすとき，定数 m の値，または m の値の範囲を求めよ。

(1) 実数解をもつ。　(2) 重解をもつ。　(3) 実数解をもたない。

解答 2次方程式 $x^2+6x-m=0$ の判別式を D とする。

(1) 実数解をもつための条件は，$D \geqq 0$ が成り立つことである。

$$D=6^2-4\cdot1\cdot(-m)=36+4m$$

であるから　$36+4m \geqq 0$　これを解いて　$m \geqq -9$

(2) 重解をもつための条件は，$D=0$ が成り立つことである。

$D=36+4m$ であるから　$36+4m=0$　これを解いて　$m=-9$

(3) 実数解をもたないための条件は，$D<0$ が成り立つことである。

$D=36+4m$ であるから　$36+4m<0$　これを解いて　$m<-9$

75a 標準 2次方程式 $2x^2-4x-m=0$ の解が次の条件を満たすとき，定数mの値，またはmの値の範囲を求めよ。

(1) 実数解をもつ。

(2) 重解をもつ。

(3) 実数解をもたない。

75b 標準 2次方程式 $3x^2+2x-m+1=0$ の解が次の条件を満たすとき，定数mの値，またはmの値の範囲を求めよ。

(1) 実数解をもつ。

(2) 重解をもつ。

(3) 実数解をもたない。

考えてみよう 10 例67(2)において，重解を求めてみよう。

検印

3 2次関数のグラフと x 軸の共有点

KEY 62
共有点の x 座標

2次関数 $y=ax^2+bx+c$ のグラフと x 軸が共有点をもつとき，その共有点の x 座標は，2次方程式 $ax^2+bx+c=0$ の実数解である。

例 68 2次関数 $y=x^2-3x-1$ のグラフと x 軸の共有点の x 座標を求めよ。

解答 $x^2-3x-1=0$ を解くと $x=\dfrac{-(-3)\pm\sqrt{(-3)^2-4\cdot1\cdot(-1)}}{2\cdot1}=\dfrac{3\pm\sqrt{13}}{2}$

76a 基本 次の2次関数のグラフと x 軸の共有点の x 座標を求めよ。

(1) $y=x^2+x-6$

(2) $y=-x^2-2x-1$

(3) $y=x^2+5x+5$

76b 基本 次の2次関数のグラフと x 軸の共有点の x 座標を求めよ。

(1) $y=-x^2-x+2$

(2) $y=3x^2-6x+3$

(3) $y=-2x^2+4x-1$

検印

KEY 63
共有点の個数

2次関数 $y=ax^2+bx+c$ のグラフと x 軸の共有点の個数を調べるには，2次方程式 $ax^2+bx+c=0$ の判別式 $D=b^2-4ac$ を計算すればよい。

D の符号	$D>0$	$D=0$	$D<0$
共有点の個数	2個	1個	0個

例 69 2次関数 $y=-2x^2+4x-3$ のグラフと x 軸の共有点の個数を求めよ。

解答 2次方程式 $-2x^2+4x-3=0$ の判別式 D について $D=4^2-4\cdot(-2)\cdot(-3)=-8<0$ であるから，グラフと x 軸の共有点の個数は **0個**

77a 基本 次の2次関数のグラフとx軸の共有点の個数を求めよ。

(1) $y=x^2-x+4$

(2) $y=-2x^2+4x-1$

77b 基本 次の2次関数のグラフとx軸の共有点の個数を求めよ。

(1) $y=-x^2+2x-1$

(2) $y=3x^2-2x+1$

例 70 2次関数 $y=x^2-6x+3m$ のグラフがx軸と異なる2点で交わるとき，定数mの値の範囲を求めよ。

解答 2次方程式 $x^2-6x+3m=0$ の判別式をDとする。

グラフがx軸と異なる2点で交わるための条件は，$D>0$ が成り立つことである。

$$D=(-6)^2-4\cdot1\cdot3m=36-12m$$

であるから　$36-12m>0$　　これを解いて　$m<3$

78a 標準 2次関数 $y=x^2-4x+2m$ のグラフが次の条件を満たすとき，定数mの値，またはmの値の範囲を求めよ。

(1) x軸と異なる2点で交わる。

(2) x軸と接する。

(3) x軸と交わらない。

78b 標準 2次関数 $y=-x^2+3x+m-1$ のグラフが次の条件を満たすとき，定数mの値，またはmの値の範囲を求めよ。

(1) x軸と異なる2点で交わる。

(2) x軸と接する。

(3) x軸と交わらない。

検印

4 2次不等式(1)

KEY 64 グラフが x 軸と2点で交わるとき

2次方程式 $ax^2+bx+c=0$ の実数解を α, β とする。
$a>0$, $\alpha<\beta$ のとき,
① $ax^2+bx+c>0$ の解は　$x<\alpha$, $\beta<x$
② $ax^2+bx+c<0$ の解は　$\alpha<x<\beta$

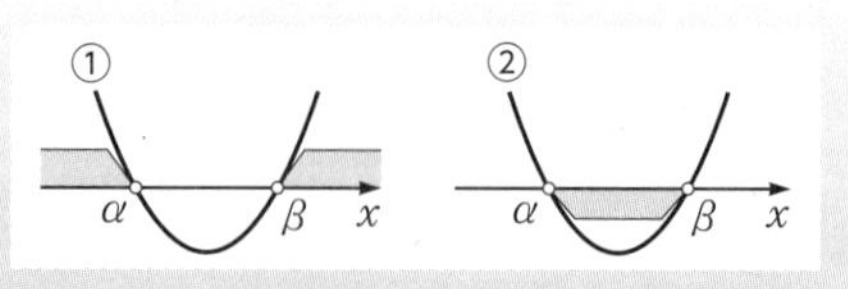

例 71 次の2次不等式を解け。

(1) $x^2-5x+6>0$　　(2) $2x^2-x-1 \leqq 0$

解答 (1) $x^2-5x+6=0$ を解くと，$(x-2)(x-3)=0$ から　$x=2$, 3
よって，求める解は　$x<2$, $3<x$

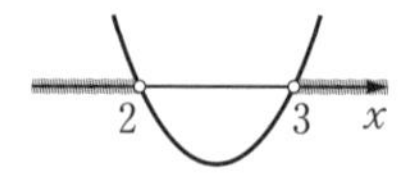

(2) $2x^2-x-1=0$ を解くと，$(2x+1)(x-1)=0$ から　$x=-\frac{1}{2}$, 1

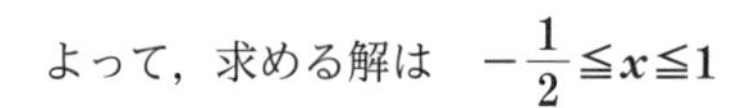
よって，求める解は　$-\frac{1}{2} \leqq x \leqq 1$

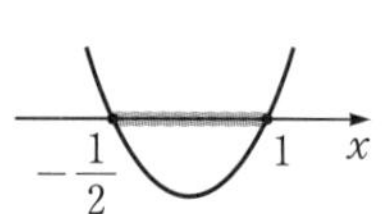

79a 基本 次の2次不等式を解け。

(1) $(x+7)(x-2)>0$

(2) $x^2-3x+2 \leqq 0$

(3) $x^2-9<0$

(4) $2x^2-5x-3>0$

79b 基本 次の2次不等式を解け。

(1) $x^2+x-12<0$

(2) $x^2+6x+8 \geqq 0$

(3) $x^2+9x>0$

(4) $6x^2-7x+2 \leqq 0$

例 72 2次不等式 $x^2-4x-1>0$ を解け。

解答 $x^2-4x-1=0$ を解くと，解の公式を用いて

$$x=\frac{-(-4)\pm\sqrt{(-4)^2-4\cdot1\cdot(-1)}}{2\cdot1}=\frac{4\pm\sqrt{20}}{2}=\frac{4\pm2\sqrt{5}}{2}=2\pm\sqrt{5}$$

よって，求める解は　$\boldsymbol{x<2-\sqrt{5},\ 2+\sqrt{5}<x}$

80a 基本 次の2次不等式を解け。

(1) $x^2+5x+3<0$

(2) $3x^2-x-1\geqq0$

(3) $x^2+2x-1<0$

80b 基本 次の2次不等式を解け。

(1) $x^2-x-3>0$

(2) $2x^2+7x+4\geqq0$

(3) $4x^2-2x-1<0$

検印

KEY 65 x^2 の係数が負のとき

不等式の両辺に -1 を掛けて，x^2 の係数を正にする。
不等号の向きが逆になる

例 73 2次不等式 $-x^2+6x-8>0$ を解け。

解答 両辺に -1 を掛けると　$x^2-6x+8<0$

$x^2-6x+8=0$ を解くと，$(x-2)(x-4)=0$ から　　$x=2,\ 4$

よって，求める解は　　$\boldsymbol{2<x<4}$

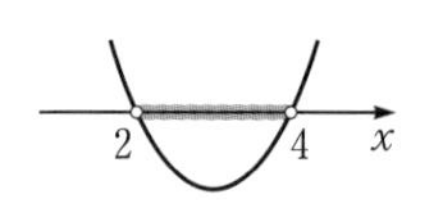

81a 基本 次の2次不等式を解け。

(1)　$-x^2+3x+4\leqq 0$

(2)　$-6x^2-5x+6>0$

(3)　$-x^2+3x+2<0$

81b 基本 次の2次不等式を解け。

(1)　$-x^2+1\geqq 0$

(2)　$-2x^2+3x+5\leqq 0$

(3)　$-x^2-4x+1>0$

検印

5 2次不等式(2)

KEY 66

グラフが x 軸と接するとき

$y=ax^2+bx+c\ (a>0)$ のグラフが x 軸と接する，すなわち $ax^2+bx+c=0$ が重解 $x=\alpha$ をもつとき，

① $ax^2+bx+c>0$ の解は　α 以外のすべての実数
② $ax^2+bx+c\geqq 0$ の解は　すべての実数
③ $ax^2+bx+c<0$ の解は　ない
④ $ax^2+bx+c\leqq 0$ の解は　$x=\alpha$

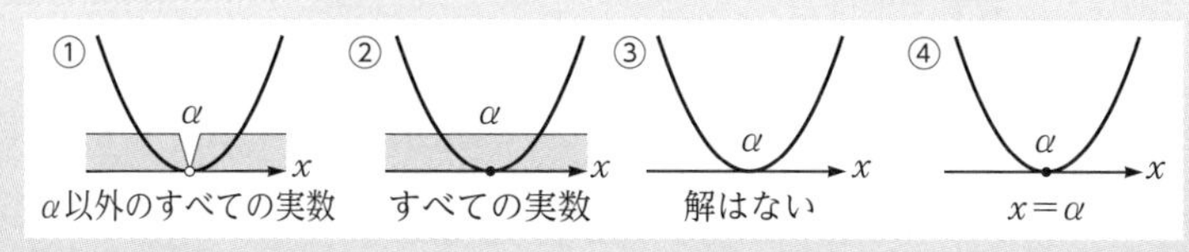

例 74 次の2次不等式を解け。

(1) $x^2-6x+9>0$　　(2) $x^2-6x+9\geqq 0$

$x^2-6x+9=(x-3)^2$ と変形できるから，$y=x^2-6x+9$ のグラフは，右の図のように $x=3$ で x 軸と接している。
グラフから，$x=3$ に対して $y=0$ であり，$x=3$ 以外のすべての x の値に対して $y>0$ である。

(1) $x^2-6x+9>0$ の解は　**3以外のすべての実数**
(2) $x^2-6x+9\geqq 0$ の解は　**すべての実数**

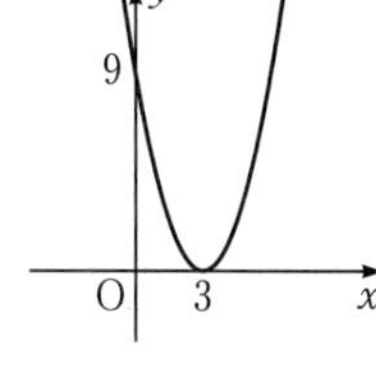

82a 基本 次の2次不等式を解け。

(1) $x^2-4x+4>0$

(2) $x^2-4x+4\geqq 0$

(3) $x^2-4x+4<0$

(4) $x^2-4x+4\leqq 0$

82b 基本 次の2次不等式を解け。

(1) $x^2+2x+1>0$

(2) $x^2+2x+1<0$

(3) $x^2+2x+1\geqq 0$

(4) $x^2+2x+1\leqq 0$

検印

KEY 67

グラフが x 軸と共有点をもたないとき

$y=ax^2+bx+c\ (a>0)$のグラフが x 軸と共有点をもたない，
すなわち $ax^2+bx+c=0$ が実数解をもたないとき，

① $ax^2+bx+c>0$ の解は　すべての実数
② $ax^2+bx+c\geqq0$ の解は　すべての実数
③ $ax^2+bx+c<0$ の解は　ない
④ $ax^2+bx+c\leqq0$ の解は　ない

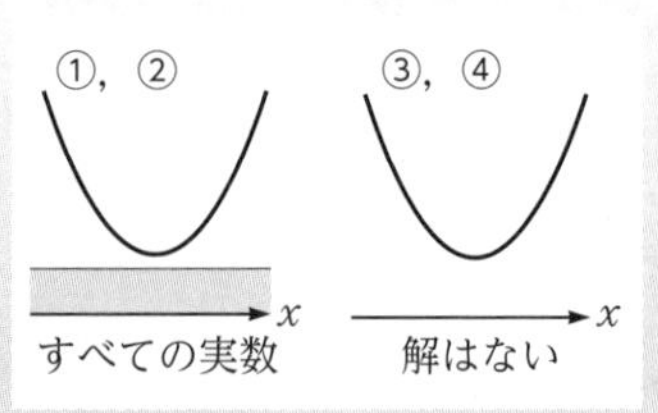

例 75 次の 2 次不等式を解け。

(1) $x^2-4x+5>0$　　(2) $x^2-4x+5<0$

解答 2 次方程式 $x^2-4x+5=0$ の判別式を D とすると

$D=(-4)^2-4\cdot1\cdot5=-4<0$

であるから，2 次関数 $y=x^2-4x+5$ のグラフは，右の図のように x 軸と共有点をもたない。

グラフから，すべての x の値に対して $y>0$ である。

(1) $x^2-4x+5>0$ の解は　すべての実数

(2) $x^2-4x+5<0$ の解は　ない

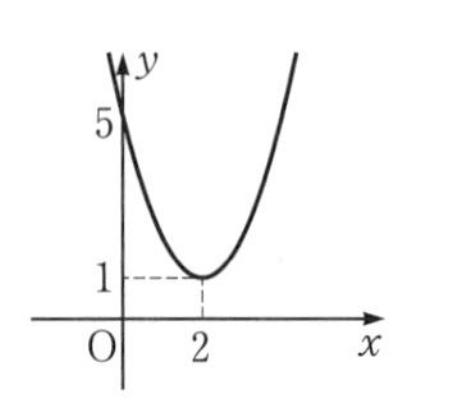

◀ $y=x^2-4x+5$
$=(x-2)^2+1$

83a 基本 次の 2 次不等式を解け。

(1) $x^2+4x+9>0$

(2) $x^2+4x+9<0$

(3) $x^2-2x+2\geqq0$

(4) $x^2-2x+2\leqq0$

83b 基本 次の 2 次不等式を解け。

(1) $x^2+6x+12\leqq0$

(2) $x^2+6x+12>0$

(3) $2x^2-4x+3\geqq0$

(4) $2x^2-4x+3<0$

検印

6 2次不等式(3)

KEY 68 2次不等式の解法

① 右辺が0になるように不等式を変形する。
② x^2 の係数が負の場合は，不等式の両辺に -1 を掛けて，正にする。
③ 左辺$=0$ とおいた2次方程式について
$D>0 \longrightarrow$ KEY64　　$D=0 \longrightarrow$ KEY66　　$D<0 \longrightarrow$ KEY67

例 76 次の2次不等式を解け。

(1) $-x^2-2x-1>0$　　(2) $2x^2-2x \leqq x^2+x-2$

(1) 両辺に -1 を掛けると　$x^2+2x+1<0$
2次関数 $y=x^2+2x+1=(x+1)^2$ のグラフから，求める解は　**ない**

(2) 整理すると　$x^2-3x+2 \leqq 0$
$x^2-3x+2=0$ を解くと，$(x-1)(x-2)=0$ から　$x=1,\ 2$
よって，求める解は　$\boldsymbol{1 \leqq x \leqq 2}$

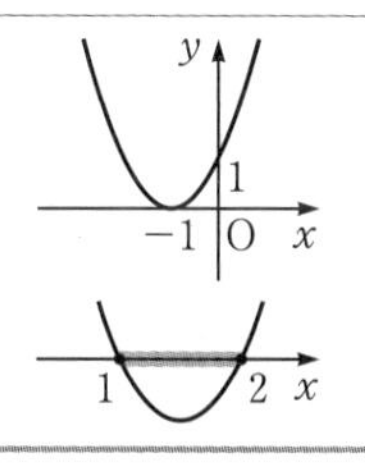

84a 基本 次の2次不等式を解け。

(1) $4x^2+5x-6>0$

(2) $-4x^2-4x-1 \leqq 0$

(3) $3x^2+2x<-4x+9$

84b 基本 次の2次不等式を解け。

(1) $3x^2-5x+1 \leqq 0$

(2) $-x^2-2x-3>0$

(3) $-x^2-4<4x-5$

検印

例題 15　連立不等式

連立不等式 $\begin{cases} x^2-x-6>0 & \cdots\cdots① \\ 2x+3 \geqq -5 & \cdots\cdots② \end{cases}$ を解け。

【ガイド】 2 つの不等式の解を数直線上に表し，共通な範囲を求める。

解答 ①を解くと，$(x+2)(x-3)>0$ から　　$x<-2,\ 3<x$　$\cdots\cdots③$

②を解くと，$2x \geqq -8$ から

$x \geqq -4$　$\cdots\cdots④$

③と④の共通な範囲を求めて

$-4 \leqq x < -2,\ 3 < x$

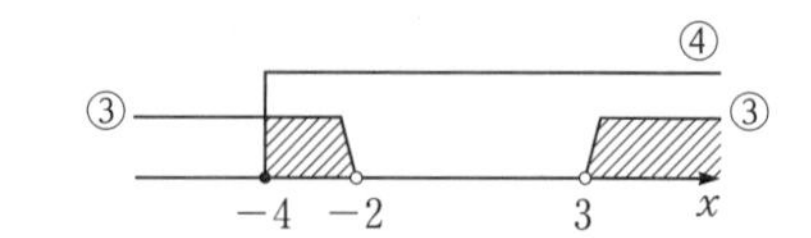

練習 15

次の連立不等式を解け。

(1) $\begin{cases} x^2+2x-15 \leqq 0 \\ x<3x-4 \end{cases}$

(2) $\begin{cases} x^2-3x-4>0 \\ x^2-4x-12<0 \end{cases}$

検印

例題 16　2次不等式の文章題

直角をはさむ2辺の長さの和が12cmで，面積が16cm²以上の直角三角形をつくりたい。
2辺のうち短い辺の長さをどのような範囲にとればよいか。

【ガイド】
① 適当な変数をxとおく。
② xのとり得る値の範囲を求める。
③ 条件を不等式で表し，それを解く。
④ ②と③の共通な範囲を求める。

解答　短い辺の長さを$x$cmとすると，
長い辺の長さは$(12-x)$cmで
$0<x$ かつ $x<12-x$　　◀「辺の長さは正」かつ「2辺の長さの比較」
よって　$0<x<6$　……①
このとき，直角三角形の面積は，$\dfrac{1}{2}x(12-x)$cm²である。　◀$\dfrac{1}{2}\times$(底辺)$\times$(高さ)
面積が16cm²以上であるから

$$\frac{1}{2}x(12-x)\geqq 16$$
$$x^2-12x+32\leqq 0$$
$$(x-4)(x-8)\leqq 0$$

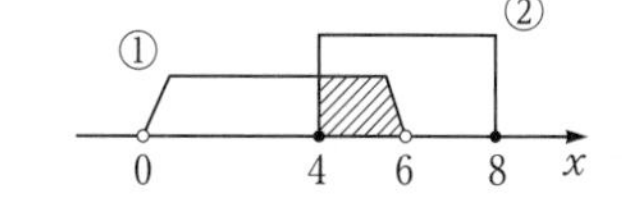

よって　$4\leqq x\leqq 8$　……②
①と②の共通な範囲を求めて　$4\leqq x<6$
したがって，短い辺の長さを**4cm以上6cm未満**にすればよい。

練習 16　長さ36cmの針金を折り曲げて，面積が80cm²以上の長方形を作りたい。長方形の短い辺の長さをどのような範囲にとればよいか。

例題 17　2次関数の係数の符号

2次関数 $y=ax^2+bx+c$ のグラフが右の図のように与えられているとき，a，b，c および b^2-4ac，$a+b+c$ の符号を調べよ。

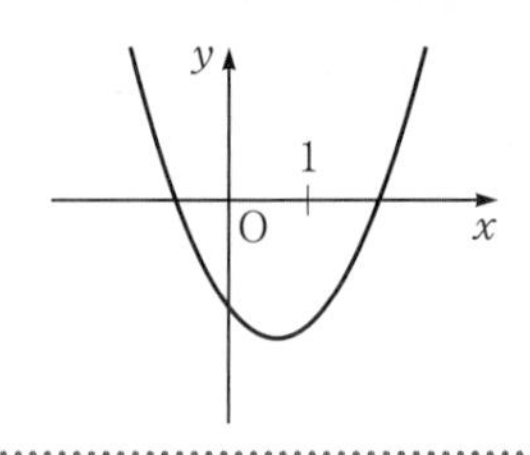

【ガイド】次の点に着目して，符号を判定する。

a：グラフが上に凸か下に凸か　　b：軸 $x=-\frac{b}{2a}$ の位置と a の符号

c：グラフと y 軸との交点の y 座標　　b^2-4ac：グラフと x 軸の位置関係

$a+b+c$：$x=1$ のときの y の値

解答　軸は直線 $x=-\frac{b}{2a}$ である。

◀ $y=ax^2+bx+c$
$=a\left(x+\frac{b}{2a}\right)^2-\frac{b^2-4ac}{4a}$

下に凸であるから　$a>0$

軸 $x=-\frac{b}{2a}$ は $x>0$ の部分にあるから　$-\frac{b}{2a}>0$

$a>0$ であるから　$b<0$

y 軸との交点の y 座標は負であるから　$c<0$

x 軸と異なる2点で交わるから　$b^2-4ac>0$

◀ $D=b^2-4ac$

$x=1$ のときの y の値は負であるから　$a+b+c<0$

◀ $x=1$ のとき
$y=a\cdot1^2+b\cdot1+c=a+b+c$

答　**$a>0$，$b<0$，$c<0$，$b^2-4ac>0$，$a+b+c<0$**

練習 17

2次関数 $y=ax^2+bx+c$ のグラフが次のように与えられているとき，a，b，c および b^2-4ac，$a+b+c$ の符号を調べよ。

(1)

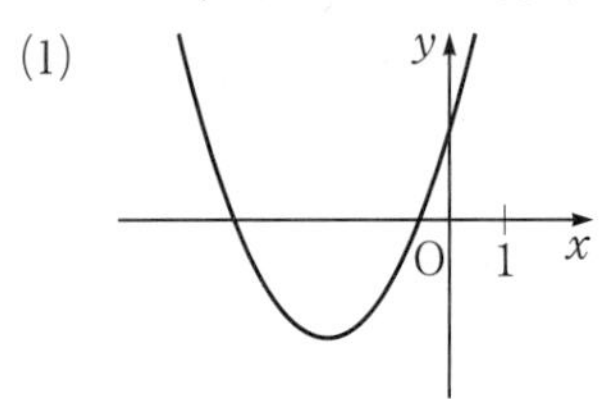

(2)

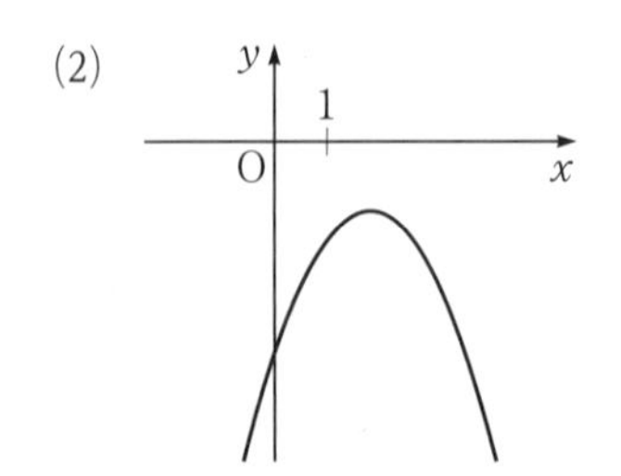

検印

例題 18 すべての実数に対して成り立つ不等式

すべての実数xに対して，2次不等式$x^2+mx+m+3>0$が成り立つように，定数mの値の範囲を定めよ。

【ガイド】すべての実数xに対して$x^2+mx+m+3>0$が成り立つことは，$y=x^2+mx+m+3$のグラフがつねにx軸より上にあることと同じである。グラフは下に凸の放物線であるから，$D<0$が成り立てばよい。

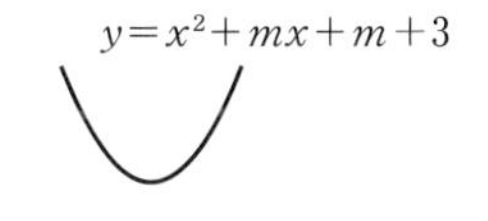

解答 2次方程式$x^2+mx+m+3=0$の判別式をDとする。
x^2の係数は1で正であるから，すべての実数xに対して，2次不等式$x^2+mx+m+3>0$が成り立つための条件は，$D<0$が成り立つことである。

$$D=m^2-4\cdot1\cdot(m+3)=m^2-4m-12$$

であるから　$m^2-4m-12<0$

すなわち　$(m+2)(m-6)<0$　これを解いて　$\boldsymbol{-2<m<6}$

練習 18 すべての実数xに対して，次の2次不等式が成り立つように，定数mの値の範囲を定めよ。

(1) $x^2-2mx-m+6>0$

(2) $-x^2-mx-m<0$

検印

例題 19　2次方程式の解の符号

2次方程式 $x^2-2mx-m+2=0$ が異なる2つの正の解をもつように，定数mの値の範囲を定めよ。

【ガイド】 $y=x^2-2mx-m+2$ のグラフが x 軸の正の部分と異なる2点で交わるための条件を考える。

解答 $f(x)=x^2-2mx-m+2$ とおき，$f(x)=0$ の判別式を D とする。

$$f(x)=(x-m)^2-m^2-m+2$$

から，$y=f(x)$ のグラフは下に凸の放物線で，軸は直線 $x=m$ である。

また　$D=(-2m)^2-4\cdot1\cdot(-m+2)=4(m^2+m-2)$

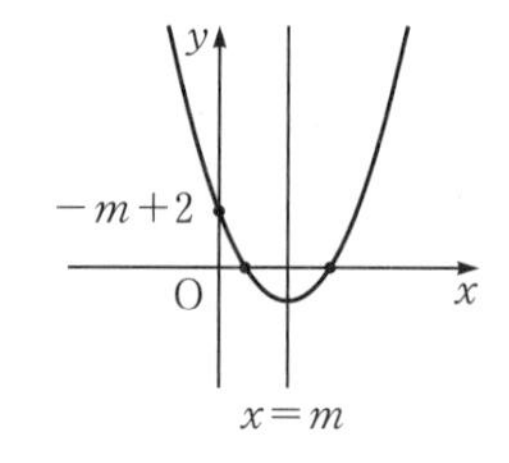

方程式 $f(x)=0$ が異なる2つの正の解をもつには，放物線 $y=f(x)$ が x 軸の正の部分と異なる2点で交わればよい。そのための条件は，次の3つが同時に成り立つことである。

(i)　x 軸と異なる2点で交わる。すなわち　$D>0$

$m^2+m-2>0$ を解いて　$m<-2$，$1<m$　……①

(ii)　軸が y 軸の右側にある。

すなわち　$m>0$　……②

(iii)　$f(0)>0$ である。すなわち　$-m+2>0$

これを解いて　$m<2$　……③

①，②，③の共通な範囲を求めて　$\boldsymbol{1<m<2}$

練習 19　2次方程式 $x^2+2mx+m+12=0$ が異なる2つの正の解をもつように，定数mの値の範囲を定めよ。

検印

例題 20　放物線と直線の共有点　発展

放物線 $y=x^2+3x+1$ と直線 $y=2x+3$ の共有点の座標を求めよ。

【ガイド】 連立方程式 $\begin{cases} y=x^2+3x+1 \\ y=2x+3 \end{cases}$ を解く。

y を消去して得られる x の2次方程式の実数解が共有点の x 座標である。

解答 $\begin{cases} y=x^2+3x+1 & \cdots\cdots① \\ y=2x+3 & \cdots\cdots② \end{cases}$ とおく。

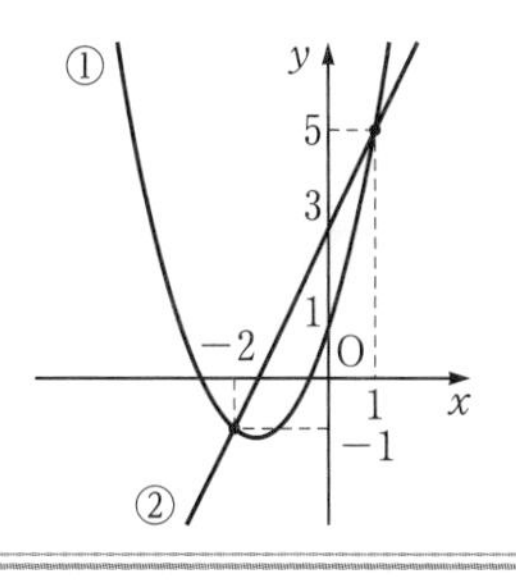

①, ②から y を消去すると　$x^2+3x+1=2x+3$

整理すると　$x^2+x-2=0$　　$(x+2)(x-1)=0$

これを解いて　$x=-2,\ 1$

②から, $x=-2$ のとき $y=-1$, $x=1$ のとき $y=5$

したがって, ①と②の共有点の座標は　$\boldsymbol{(-2,\ -1),\ (1,\ 5)}$

練習 20　次の放物線と直線の共有点の座標を求めよ。

(1)　$y=x^2+2x-3$, $y=3x-1$

(2)　$y=x^2+x$, $y=3x-1$

1 三角比

KEY 69

サイン(正弦), コサイン(余弦), タンジェント(正接)

∠C=90° の直角三角形 ABC において

$$\sin A=\frac{a}{c}$$

$$\cos A=\frac{b}{c}$$

$$\tan A=\frac{a}{b}$$

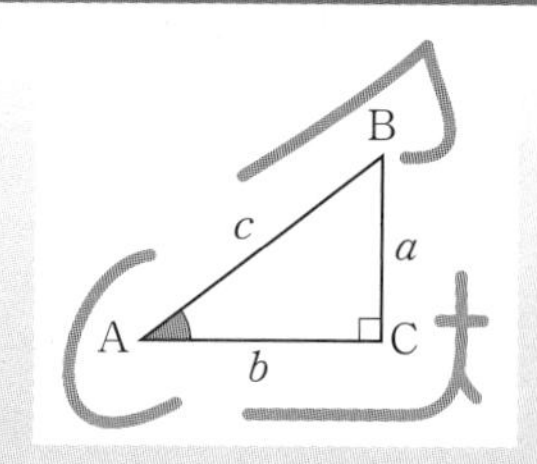

例 77 右の図の直角三角形 ABC において, $\sin A$, $\cos A$, $\tan A$ の値を求めよ。

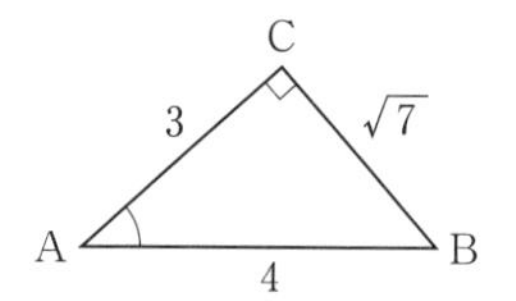

解答 $\sin A=\frac{\sqrt{7}}{4}$, $\cos A=\frac{3}{4}$, $\tan A=\frac{\sqrt{7}}{3}$

◀∠A が左下, 直角が右下にくるように図の向きを変える。

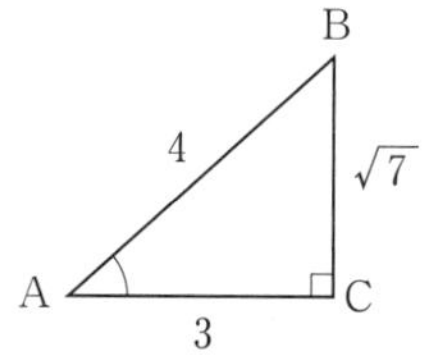

85a 基本 次の直角三角形 ABC において, $\sin A$, $\cos A$, $\tan A$ の値を求めよ。

(1)

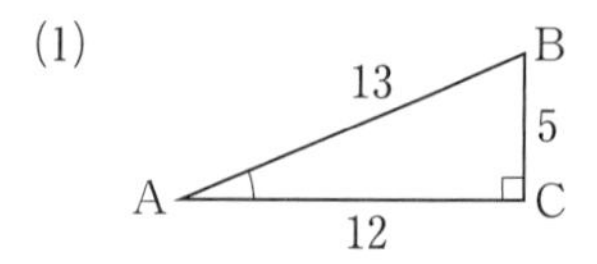

(2)

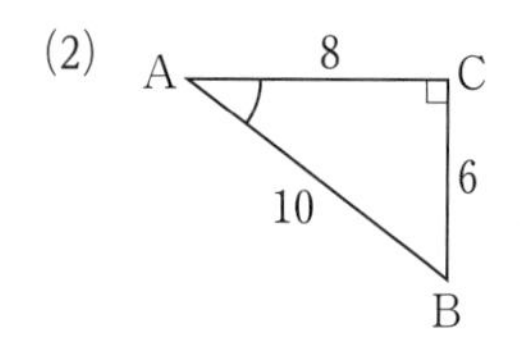

85b 基本 次の直角三角形 ABC において, $\sin A$, $\cos A$, $\tan A$ の値を求めよ。

(1)

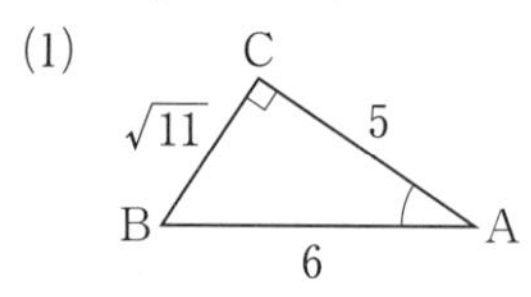

(2)

B, 3, √6, C, A, √3 (図)

例 78 右の図の直角三角形 ABC において，
$\sin A$，$\cos A$，$\tan A$ の値を求めよ。

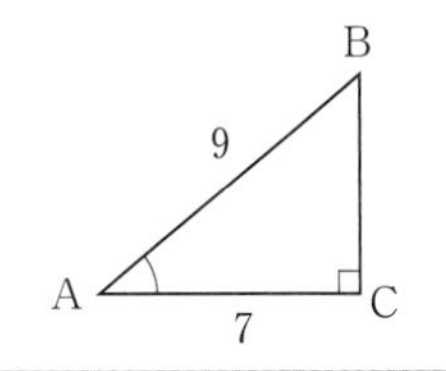

解答 三平方の定理により　$7^2+BC^2=9^2$
BC>0 であるから　$BC=\sqrt{9^2-7^2}=\sqrt{32}=4\sqrt{2}$
よって　$\sin A=\dfrac{4\sqrt{2}}{9}$，$\cos A=\dfrac{7}{9}$，$\tan A=\dfrac{4\sqrt{2}}{7}$

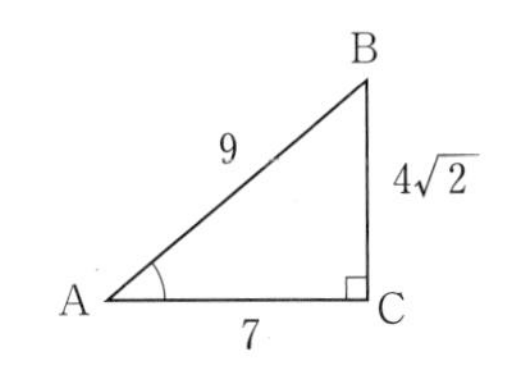

86a 基本

次の直角三角形 ABC において，$\sin A$，$\cos A$，$\tan A$ の値を求めよ。

(1)

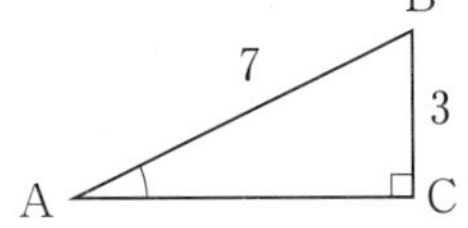

(2)

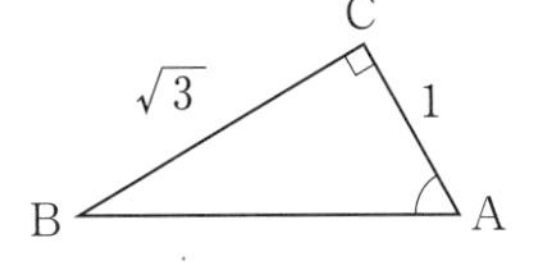

86b 基本

次の直角三角形 ABC において，$\sin A$，$\cos A$，$\tan A$ の値を求めよ。

(1)

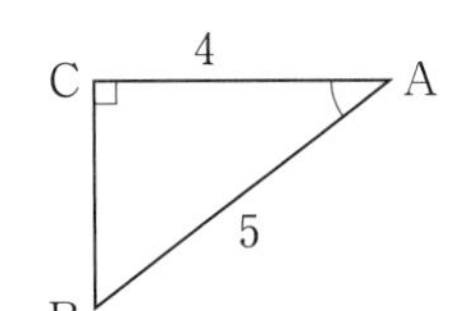

(2)

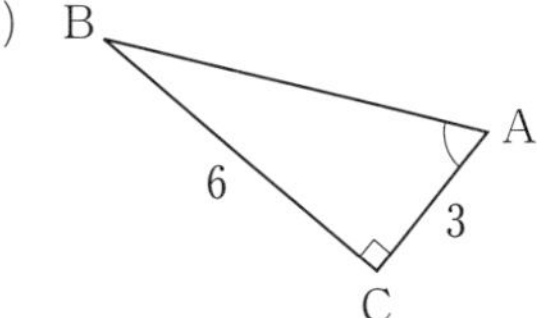

87a 基本

次の図の直角三角形について，辺の長さを□に書き入れよ。また，$\sin 30^\circ$，$\sin 60^\circ$，$\sin 45^\circ$ の値を求めよ。

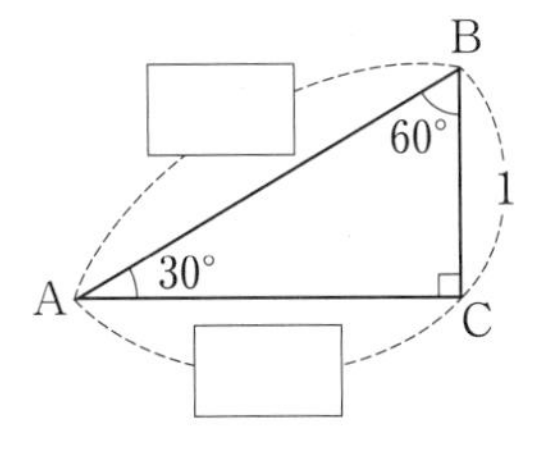

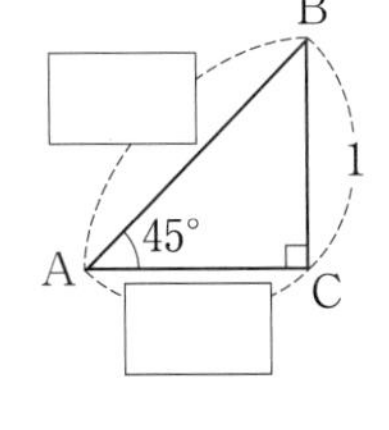

87b 基本

87aの図を用いて 30°，45°，60° の三角比の値を求め，次の表を完成せよ。

A	30°	45°	60°
$\sin A$			
$\cos A$			
$\tan A$			

検印

KEY 70 三角比の表の利用

三角比の表を用いると，いろいろな角の三角比の値を知ることができる。
→三角比の表は巻末

例 79 三角比の表を用いて，$\cos 17^\circ$ の値を求めよ。

解答 三角比の表より $\cos 17^\circ = \mathbf{0.9563}$

A	$\sin A$	$\cos A$	$\tan A$
⋮	⋮	⋮	⋮
16°	0.2756	0.9613	0.2867
17°	0.2924	0.9563	0.3057
18°	0.3090	0.9511	0.3249

88a 基本 三角比の表を用いて，次の三角比の値を求めよ。

(1) $\sin 20^\circ$

(2) $\cos 42^\circ$

(3) $\tan 81^\circ$

88b 基本 三角比の表を用いて，次の三角比の値を求めよ。

(1) $\sin 75^\circ$

(2) $\cos 8^\circ$

(3) $\tan 33^\circ$

例 80 三角比の表を用いて，右の図の直角三角形 ABC における ∠A の大きさを求めよ。

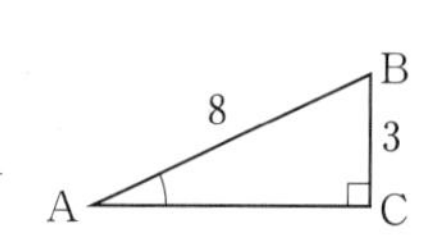

解答 右の図から $\sin A = \dfrac{3}{8} = 0.375$

三角比の表から，$\sin A$ の値が0.375に最も近い値は ◀等しい値がないときは，最も近い値をさがす。
0.3746であるから $\mathbf{A \fallingdotseq 22^\circ}$ ◀$a \fallingdotseq b$ は，a と b がほぼ等しいことを表す。

89a 基本 三角比の表を用いて，次の図の直角三角形 ABC における ∠A の大きさを求めよ。

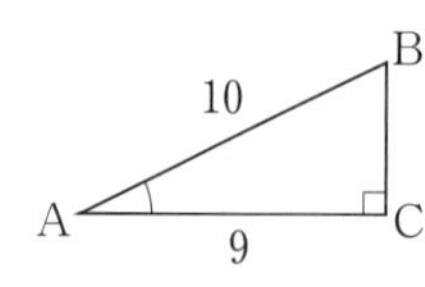

89b 基本 三角比の表を用いて，次の図の直角三角形 ABC における ∠A の大きさを求めよ。

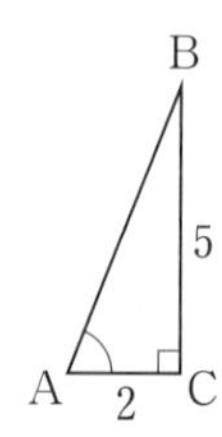

検印

2 三角比の利用

KEY 71 直角三角形の辺の長さ

右の直角三角形 ABC において

$a=c\sin A$, $b=c\cos A$, $a=b\tan A$

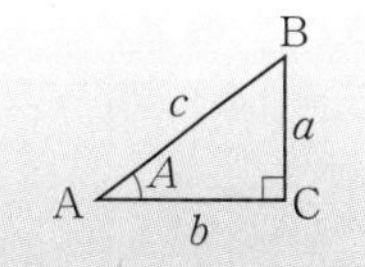

例 81 右の直角三角形 ABC において，BC と AC の長さを求めよ。

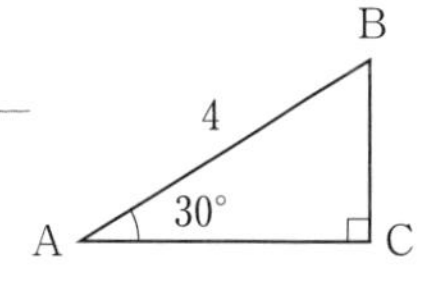

解答 $\mathbf{BC}=\mathrm{AB}\sin 30^\circ=4\times\dfrac{1}{2}=\mathbf{2}$

$\mathbf{AC}=\mathrm{AB}\cos 30^\circ=4\times\dfrac{\sqrt{3}}{2}=\mathbf{2\sqrt{3}}$

90a 基本 次の直角三角形 ABC において，BC と AC の長さを求めよ。

(1)

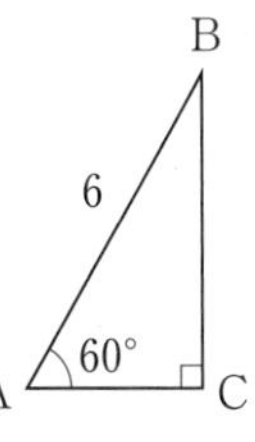

(2)

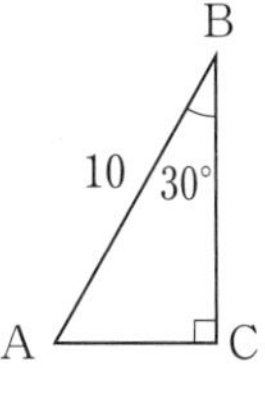

90b 基本 次の直角三角形 ABC において，BC と AC の長さを求めよ。

(1)

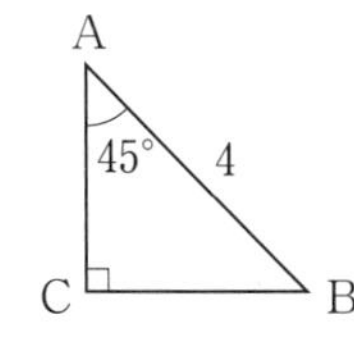

(2)

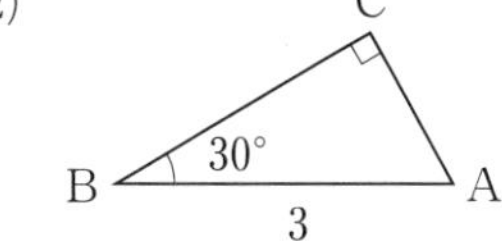

91a 基本 次の直角三角形 ABC において，BC の長さを求めよ。

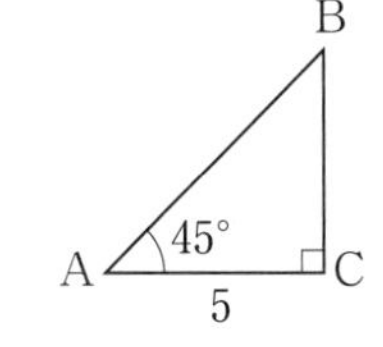

91b 基本 次の直角三角形 ABC において，BC の長さを求めよ。

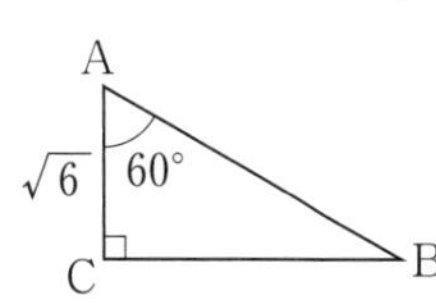

検印

92, 93 巻末の三角比の表を利用せよ。

KEY 72 三角比の文章題

① 長さを求めたいものを辺にもつ直角三角形に着目する。
② 三角比を用いて長さを求める。

例 82 右の図のように，長さ 10m のはしご AB が壁に立てかけてある。はしごと地面の作る角が 70° のとき，高さ BC と壁までの距離 AC はそれぞれ何mか。小数第 2 位を四捨五入して求めよ。

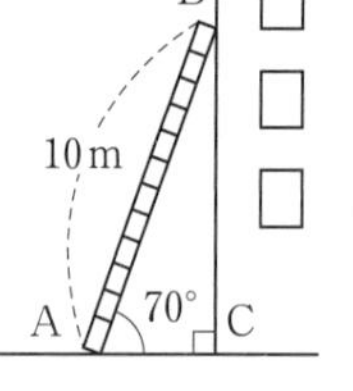

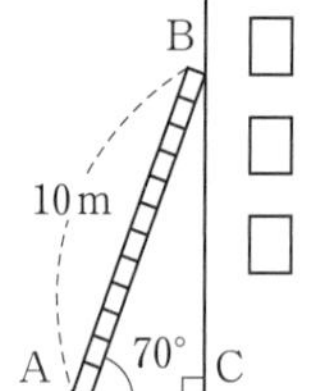

解答 直角三角形 ABC において　$BC=AB\sin 70°=10\times 0.9397=9.397$

$AC=AB\cos 70°=10\times 0.3420=3.420$

答 **BC は 9.4m，AC は 3.4m**

92a 基本 次の図のように，たこあげをしていて，糸の長さ AB が 50m になったとき，糸と地面の作る角が 38° であった。このときのたこの高さ BC は何mか。小数第 2 位を四捨五入して求めよ。

92b 基本 次の図のように，スキー場で，傾斜角が 12° の坂道をまっすぐに 200m 滑りおりた。このとき，垂直方向におりた距離 BC と，水平方向に進んだ距離 AC はそれぞれ何mか。小数第 2 位を四捨五入して求めよ。

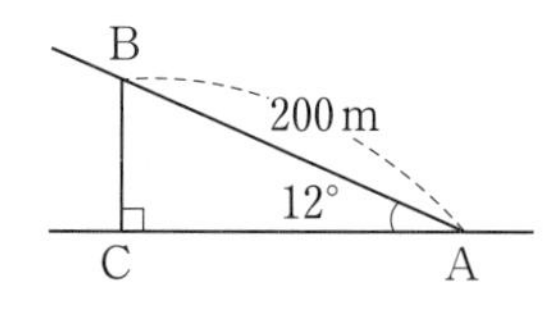

93a 標準 次の図のように，建物 BE から 10m 離れた地点 D に立って，建物の上端を見上げると ∠BAC=57° であった。目の高さ AD を 1.4m とすると，建物 BE の高さは何mか。小数第 2 位を四捨五入して求めよ。

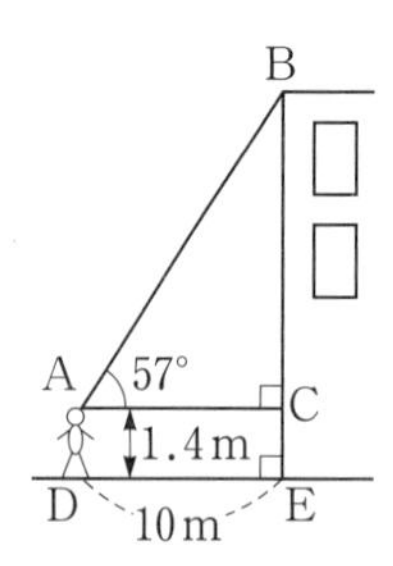

93b 標準 次の図のように，高さ 30m の岸壁の上 B から船 A を見たとき，水平面 BD からの角度を測ると 38° であった。船から岸壁までの水平距離 AC は何mか。小数第 2 位を四捨五入して求めよ。

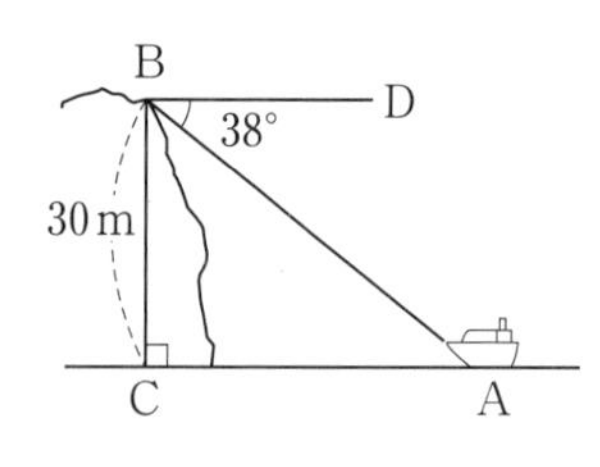

検印

3 鋭角の三角比の相互関係

KEY 73 三角比の相互関係

① $\tan A=\dfrac{\sin A}{\cos A}$　② $\sin^2 A+\cos^2 A=1$　③ $1+\tan^2 A=\dfrac{1}{\cos^2 A}$

例 83 $\cos A=\dfrac{3}{4}$ のとき，$\sin A$ と $\tan A$ の値を求めよ。ただし，A は鋭角とする。

解答 $\sin^2 A+\cos^2 A=1$ から　$\sin^2 A=1-\cos^2 A$

$\cos A=\dfrac{3}{4}$ を代入して　$\sin^2 A=1-\cos^2 A=1-\left(\dfrac{3}{4}\right)^2=\dfrac{7}{16}$

$\sin A>0$ であるから　$\boldsymbol{\sin A=\sqrt{\dfrac{7}{16}}=\dfrac{\sqrt{7}}{4}}$

また　$\boldsymbol{\tan A}=\dfrac{\sin A}{\cos A}=\dfrac{\sqrt{7}}{4}\div\dfrac{3}{4}=\dfrac{\sqrt{7}}{4}\times\dfrac{4}{3}=\boldsymbol{\dfrac{\sqrt{7}}{3}}$

別解 $\cos A=\dfrac{3}{4}$ より，$AB=4$，$AC=3$，$\angle C=90^\circ$ の直角三角形 ABC をかく。

三平方の定理により　$3^2+BC^2=4^2$

よって　$BC=\sqrt{4^2-3^2}=\sqrt{7}$

したがって　$\sin A=\dfrac{\sqrt{7}}{4}$，$\tan A=\dfrac{\sqrt{7}}{3}$

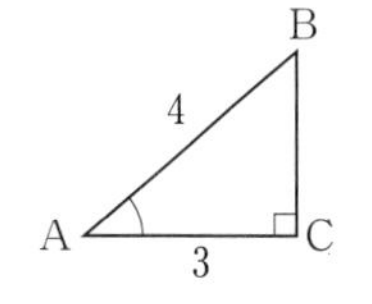

94a 標準 $\sin A=\dfrac{2}{3}$ のとき，$\cos A$ と $\tan A$ の値を求めよ。ただし，A は鋭角とする。

94b 標準 $\cos A=\dfrac{1}{3}$ のとき，$\sin A$ と $\tan A$ の値を求めよ。ただし，A は鋭角とする。

例 84 $\tan A=\dfrac{1}{2}$ のとき，$\sin A$ と $\cos A$ の値を求めよ。ただし，A は鋭角とする。

解答 $1+\tan^2 A=\dfrac{1}{\cos^2 A}$ から　$\dfrac{1}{\cos^2 A}=1+\tan^2 A=1+\left(\dfrac{1}{2}\right)^2=\dfrac{5}{4}$

よって　$\cos^2 A=\dfrac{4}{5}$　　$\cos A>0$ であるから　$\boldsymbol{\cos A}=\sqrt{\dfrac{4}{5}}=\boldsymbol{\dfrac{2}{\sqrt{5}}}$

また，$\tan A=\dfrac{\sin A}{\cos A}$ から　$\boldsymbol{\sin A}=\tan A\cdot\cos A=\dfrac{1}{2}\times\dfrac{2}{\sqrt{5}}=\boldsymbol{\dfrac{1}{\sqrt{5}}}$

95a 標準 $\tan A=\dfrac{1}{3}$ のとき，$\sin A$ と $\cos A$ の値を求めよ。ただし，A は鋭角とする。

95b 標準 $\tan A=2\sqrt{2}$ のとき，$\sin A$ と $\cos A$ の値を求めよ。ただし，A は鋭角とする。

検印

KEY 74

90°$-A$ の三角比

① $\sin(90°-A)=\cos A$　② $\cos(90°-A)=\sin A$　③ $\tan(90°-A)=\dfrac{1}{\tan A}$

例 85 $\sin 82°$ を 45° より小さい鋭角の三角比で表せ。

解答 $82°=90°-8°$ であるから　$\sin 82°=\sin(90°-8°)=\boldsymbol{\cos 8°}$

96a 基本 次の三角比を 45° より小さい鋭角の三角比で表せ。

(1) $\sin 61°$

(2) $\cos 80°$

(3) $\tan 48°$

96b 基本 次の三角比を 45° より小さい鋭角の三角比で表せ。

(1) $\sin 53°$

(2) $\cos 79°$

(3) $\tan 86°$

検印

4 三角比の拡張(1)

KEY 75 三角比の拡張

右の図において

$$\sin\theta=\frac{y}{r},\quad \cos\theta=\frac{x}{r},\quad \tan\theta=\frac{y}{x}$$

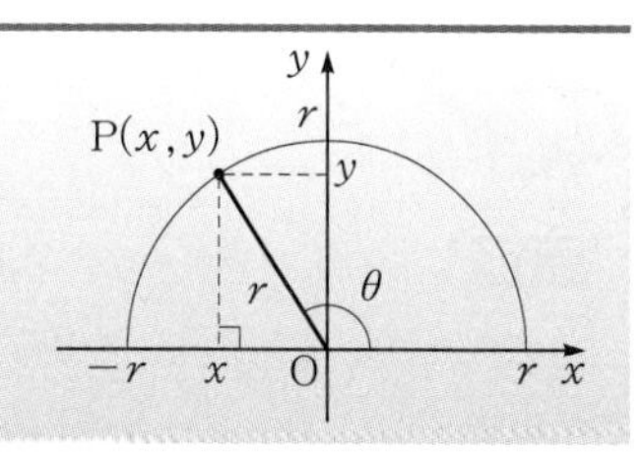

例 86 150° の三角比の値を求めよ。

解答 $r=2$, $\theta=150°$ とすると，点Pの座標は$(-\sqrt{3},\ 1)$となるから

$$\sin 150°=\frac{y}{r}=\frac{1}{2}$$

$$\cos 150°=\frac{x}{r}=\frac{-\sqrt{3}}{2}=-\frac{\sqrt{3}}{2}$$

$$\tan 150°=\frac{y}{x}=\frac{1}{-\sqrt{3}}=-\frac{1}{\sqrt{3}}$$

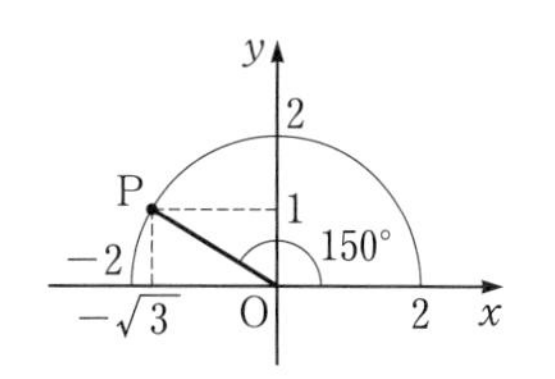

97a 基本 次の表の空欄に三角比の値を入れ，表を完成せよ。

θ	0°	30°	45°	60°	90°	120°	135°	150°	180°
$\sin\theta$									
$\cos\theta$									
$\tan\theta$					／				

97b 基本 次の表の空欄に 0，1，−1，+，− のいずれかを入れ，表を完成せよ。

θ	0°	鋭角	90°	鈍角	180°
$\sin\theta$					
$\cos\theta$					
$\tan\theta$			／		

考えてみよう 11 $0°\leqq\theta\leqq180°$ のとき，次の条件を満たす θ は鋭角，鈍角のどちらか考えてみよう。

(1) $\cos\theta<0$　　(2) $\tan\theta>0$　　(3) $\sin\theta\cos\theta<0$

検印

KEY 76 180°−θ の三角比

① $\sin(180°-\theta)=\sin\theta$ ② $\cos(180°-\theta)=-\cos\theta$ ③ $\tan(180°-\theta)=-\tan\theta$

例 87 三角比の表を用いて，125° の三角比の値を求めよ。

解答 125°＝180°−55° であるから

$\sin 125°=\sin(180°-55°)=\sin 55°=\mathbf{0.8192}$

$\cos 125°=\cos(180°-55°)=-\cos 55°=\mathbf{-0.5736}$

$\tan 125°=\tan(180°-55°)=-\tan 55°=\mathbf{-1.4281}$

A	$\sin A$	$\cos A$	$\tan A$
⋮	⋮	⋮	⋮
54°	0.8090	0.5878	1.3764
55°	0.8192	0.5736	1.4281
56°	0.8290	0.5592	1.4826

98a 基本 巻末の三角比の表を用いて，162° の三角比の値を求めよ。

98b 基本 巻末の三角比の表を用いて，97° の三角比の値を求めよ。

検印

KEY 77 三角比の相互関係

0°≦θ≦180° の θ についても，次の関係が成り立つ。

① $\tan\theta=\dfrac{\sin\theta}{\cos\theta}$ ② $\sin^2\theta+\cos^2\theta=1$ ③ $1+\tan^2\theta=\dfrac{1}{\cos^2\theta}$

例 88 (1) $\sin\theta=\dfrac{3}{5}$ のとき，$\cos\theta$ と $\tan\theta$ の値を求めよ。ただし，90°≦θ≦180° とする。

(2) $\tan\theta=-3$ のとき，$\sin\theta$ と $\cos\theta$ の値を求めよ。ただし，0°≦θ≦180° とする。

解答 (1) $\sin^2\theta+\cos^2\theta=1$ から　$\cos^2\theta=1-\sin^2\theta$

$\sin\theta=\dfrac{3}{5}$ より　$\cos^2\theta=1-\sin^2\theta=1-\left(\dfrac{3}{5}\right)^2=\dfrac{16}{25}$

90°≦θ≦180° のとき，$\cos\theta\leqq 0$ であるから　$\boldsymbol{\cos\theta=-\sqrt{\dfrac{16}{25}}=-\dfrac{4}{5}}$

また　$\boldsymbol{\tan\theta}=\dfrac{\sin\theta}{\cos\theta}=\dfrac{3}{5}\div\left(-\dfrac{4}{5}\right)=\dfrac{3}{5}\times\left(-\dfrac{5}{4}\right)=\boldsymbol{-\dfrac{3}{4}}$

(2) $1+\tan^2\theta=\dfrac{1}{\cos^2\theta}$ から　$\dfrac{1}{\cos^2\theta}=1+\tan^2\theta$

$\tan\theta=-3$ より　$\dfrac{1}{\cos^2\theta}=1+\tan^2\theta=1+(-3)^2=10$　よって　$\cos^2\theta=\dfrac{1}{10}$

0°≦θ≦180° で，$\tan\theta=-3<0$ であるから　$\cos\theta<0$

したがって　$\boldsymbol{\cos\theta=-\sqrt{\dfrac{1}{10}}=-\dfrac{1}{\sqrt{10}}}$

また，$\tan\theta=\dfrac{\sin\theta}{\cos\theta}$ から　$\boldsymbol{\sin\theta}=\tan\theta\cdot\cos\theta=-3\times\left(-\dfrac{1}{\sqrt{10}}\right)=\boldsymbol{\dfrac{3}{\sqrt{10}}}$

99a 標準 $\sin\theta$，$\cos\theta$，$\tan\theta$ のうち，１つの値が次のように与えられたとき，残りの２つの値を求めよ。ただし，(1)は $90^\circ \leqq \theta \leqq 180^\circ$，(2)と(3)は $0^\circ \leqq \theta \leqq 180^\circ$ とする。

(1) $\sin\theta=\frac{1}{3}$

(2) $\cos\theta=-\frac{3}{4}$

(3) $\tan\theta=-\sqrt{3}$

99b 標準 $\sin\theta$，$\cos\theta$，$\tan\theta$ のうち，１つの値が次のように与えられたとき，残りの２つの値を求めよ。ただし，(1)は $90^\circ \leqq \theta \leqq 180^\circ$，(2)と(3)は $0^\circ \leqq \theta \leqq 180^\circ$ とする。

(1) $\sin\theta=\frac{12}{13}$

(2) $\cos\theta=-\frac{2}{3}$

(3) $\tan\theta=\frac{1}{2}$

検印

5 三角比の拡張(2)

KEY 78

与えられた三角比を満たす角

$0^\circ \leqq \theta \leqq 180^\circ$ とする。

① $\sin\theta=\dfrac{b}{r}$ のとき　② $\cos\theta=\dfrac{a}{r}$ のとき　③ $\tan\theta=\dfrac{b}{a}$ のとき $(b \geqq 0)$

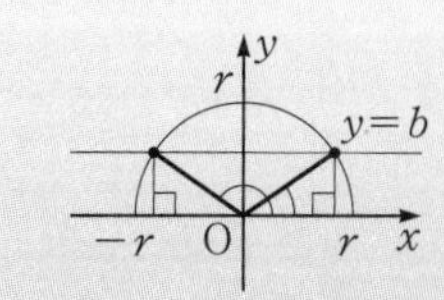

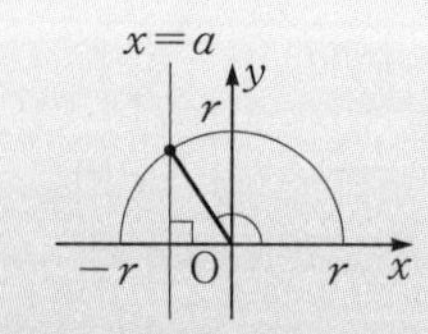

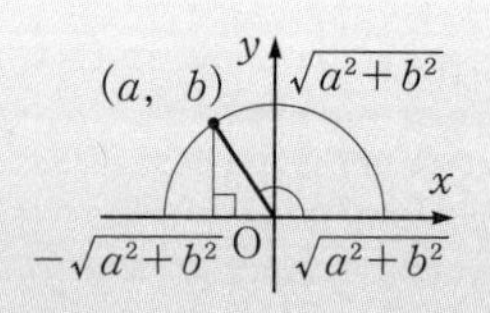

例 89　$0^\circ \leqq \theta \leqq 180^\circ$ のとき，次の等式を満たす θ を求めよ。

(1) $\sin\theta=\dfrac{1}{2}$　　(2) $\cos\theta=-\dfrac{1}{\sqrt{2}}$

解答　(1) 求める角 θ は，右の図の $\angle$AOP と $\angle$AOQ である。

よって　$\boldsymbol{\theta=30^\circ,\ 150^\circ}$

◀$r=2$，$b=1$ と考える。

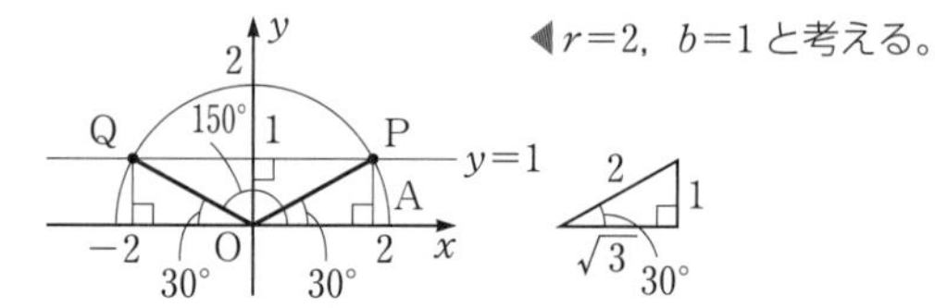

(2) 求める角 θ は，右の図の $\angle$AOP である。

よって　$\boldsymbol{\theta=135^\circ}$

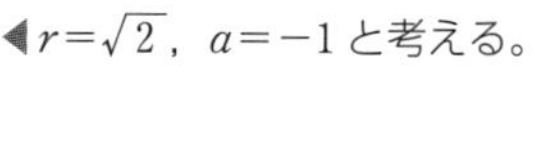

◀$r=\sqrt{2}$，$a=-1$ と考える。

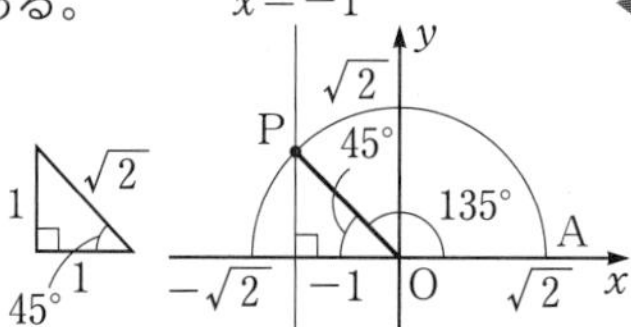

100a 標準　$0^\circ \leqq \theta \leqq 180^\circ$ のとき，次の等式を満たす θ を求めよ。

(1) $\sin\theta=\dfrac{1}{\sqrt{2}}$

(2) $\sin\theta=0$

100b 標準　$0^\circ \leqq \theta \leqq 180^\circ$ のとき，次の等式を満たす θ を求めよ。

(1) $\sin\theta=\dfrac{\sqrt{3}}{2}$

(2) $\sin\theta=1$

101a 標準 $0^\circ \leqq \theta \leqq 180^\circ$ のとき，次の等式を満たす θ を求めよ。

(1) $\cos\theta = \dfrac{1}{\sqrt{2}}$

(2) $\cos\theta = -\dfrac{1}{2}$

101b 標準 $0^\circ \leqq \theta \leqq 180^\circ$ のとき，次の等式を満たす θ を求めよ。

(1) $\cos\theta = \dfrac{\sqrt{3}}{2}$

(2) $\cos\theta = -1$

$0^\circ \leqq \theta \leqq 180^\circ$ のとき，$\tan\theta = -\sqrt{3}$ を満たす θ を求めよ。

求める角 θ は，右の図の $\angle$AOP である。

よって　　$\boldsymbol{\theta = 120^\circ}$

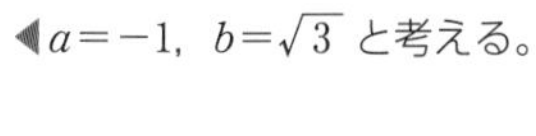

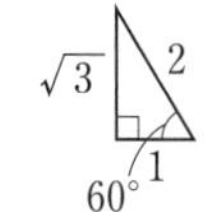

P$(-1,\ \sqrt{3})$　2　y　120°　A　-2　O　2　x　60°

102a 標準 $0^\circ \leqq \theta \leqq 180^\circ$ のとき，次の等式を満たす θ を求めよ。

(1) $\tan\theta = \dfrac{1}{\sqrt{3}}$

(2) $\tan\theta = -1$

102b 標準 $0^\circ \leqq \theta \leqq 180^\circ$ のとき，次の等式を満たす θ を求めよ。

(1) $\tan\theta = \sqrt{3}$

(2) $\tan\theta = 0$

2 節 図形の計量

1 正弦定理

KEY 79
正弦定理

△ABC の外接円の半径を R とすると

$$\frac{a}{\sin A}=\frac{b}{\sin B}=\frac{c}{\sin C}=2R$$

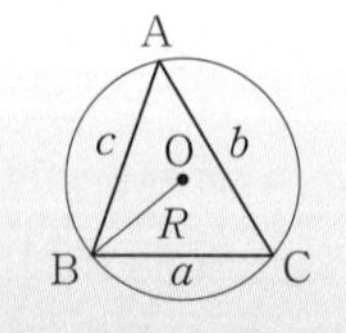

① 三角形の外接円の半径を求めるときは，$\dfrac{a}{\sin A}=2R$ などを利用する。

② 三角形の 2 つの角が与えられているときは，$\dfrac{a}{\sin A}=\dfrac{b}{\sin B}$ などを利用する。

例 91 △ABC において，$b=6$，$B=45^\circ$ であるとき，外接円の半径 R を求めよ。

解答 正弦定理により $\dfrac{6}{\sin 45^\circ}=2R$

よって $R=\dfrac{1}{2}\times\dfrac{6}{\sin 45^\circ}=\dfrac{1}{2}\times 6\div\dfrac{1}{\sqrt{2}}=\dfrac{1}{2}\times 6\times\sqrt{2}=\mathbf{3\sqrt{2}}$

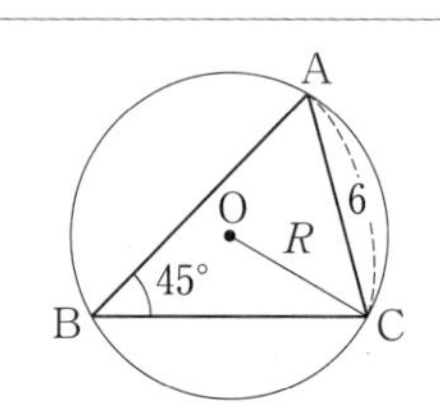

103a 基本 次の △ABC の外接円の半径 R を求めよ。

(1) $a=5$，$A=30^\circ$

(2) $b=\sqrt{3}$，$B=120^\circ$

103b 基本 次の △ABC の外接円の半径 R を求めよ。

(1) $b=3$，$B=60^\circ$

(2) $c=\sqrt{6}$，$C=135^\circ$

例 92 △ABC において，$a=2$，$A=45^\circ$，$B=60^\circ$ であるとき，b を求めよ。

解答 正弦定理により $\dfrac{2}{\sin 45^\circ}=\dfrac{b}{\sin 60^\circ}$

よって $\mathbf{b}=\dfrac{2}{\sin 45^\circ}\times\sin 60^\circ=2\div\dfrac{1}{\sqrt{2}}\times\dfrac{\sqrt{3}}{2}$

$=2\times\sqrt{2}\times\dfrac{\sqrt{3}}{2}=\mathbf{\sqrt{6}}$

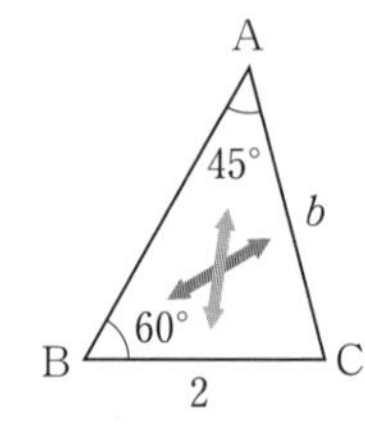

104a 基本 △ABC において，次の問いに答えよ。

(1) $c=2$，$B=60°$，$C=45°$ であるとき，b を求めよ。

(2) $c=4$，$A=120°$，$C=45°$ であるとき，a を求めよ。

104b 基本 △ABC において，次の問いに答えよ。

(1) $b=10$，$B=30°$，$C=45°$ であるとき，c を求めよ。

(2) $b=8$，$A=30°$，$B=135°$ であるとき，a を求めよ。

105a 標準 △ABC において，$b=6$，$B=30°$，$C=105°$ であるとき，次の問いに答えよ。

(1) A を求めよ。

(2) a を求めよ。

105b 標準 △ABC において，$c=\sqrt{3}$，$A=75°$，$B=45°$ であるとき，次の問いに答えよ。

(1) C を求めよ。

(2) b を求めよ。

検印

2 余弦定理

KEY 80
辺の長さを求める

余弦定理
△ABC において　$a^2=b^2+c^2-2bc\cos A$
$b^2=c^2+a^2-2ca\cos B$
$c^2=a^2+b^2-2ab\cos C$
三角形の 2 辺とその間の角が与えられているとき，
余弦定理によって，残りの辺の長さが求められる。

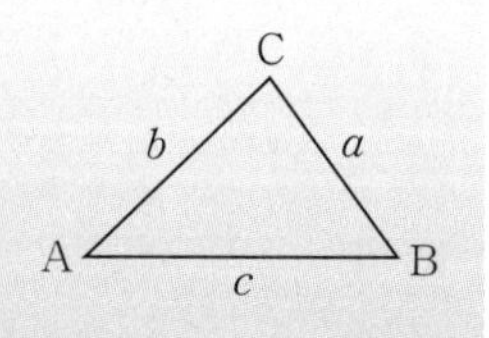

例 93　△ABC において，$a=4$，$b=6$，$C=60°$ であるとき，c を求めよ。

解答　余弦定理により

$$c^2=a^2+b^2-2ab\cos C=4^2+6^2-2\cdot4\cdot6\cos60°$$
$$=16+36-2\cdot4\cdot6\cdot\frac{1}{2}=28$$

$c>0$ であるから　$\boldsymbol{c=2\sqrt{7}}$

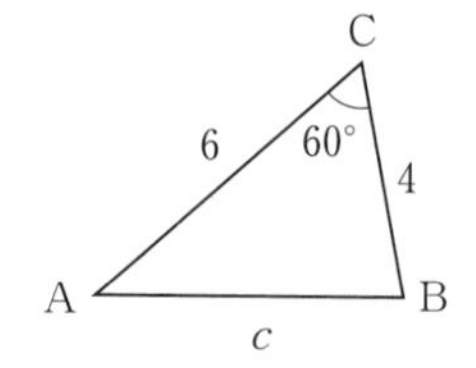

106a 基本　△ABC において，次の問いに答えよ。

(1)　$b=7$，$c=8$，$A=60°$ であるとき，a を求めよ。

(2)　$a=3$，$b=6$，$C=120°$ であるとき，c を求めよ。

106b 基本　△ABC において，次の問いに答えよ。

(1)　$c=5$，$a=2\sqrt{3}$，$B=30°$ であるとき，b を求めよ。

(2)　$b=\sqrt{2}$，$c=3$，$A=135°$ であるとき，a を求めよ。

検印

角の大きさを求める

余弦定理を変形した式

$$\cos A=\frac{b^2+c^2-a^2}{2bc} \quad (a^2=b^2+c^2-2bc\cos A \text{ を変形})$$

$$\cos B=\frac{c^2+a^2-b^2}{2ca} \quad (b^2=c^2+a^2-2ca\cos B \text{ を変形})$$

$$\cos C=\frac{a^2+b^2-c^2}{2ab} \quad (c^2=a^2+b^2-2ab\cos C \text{ を変形})$$

三角形の 3 辺が与えられているとき，上の式によりそれぞれの角の余弦が求められる。

△ABC において，$a=7$，$b=5$，$c=3$ であるとき，A を求めよ。

解答　余弦定理により

$$\cos A=\frac{b^2+c^2-a^2}{2bc}=\frac{5^2+3^2-7^2}{2\cdot5\cdot3}=\frac{-15}{2\cdot5\cdot3}=-\frac{1}{2}$$

よって　　$A=120°$

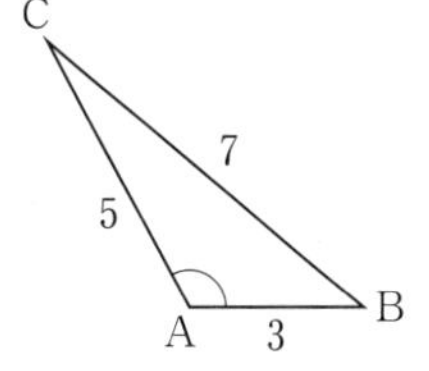

107a 基本　△ABC において，次の問いに答えよ。

(1)　$a=8$，$b=7$，$c=3$ であるとき，B を求めよ。

(2)　$a=1$，$b=1$，$c=\sqrt{3}$ であるとき，C を求めよ。

107b 基本　△ABC において，次の問いに答えよ。

(1)　$a=\sqrt{10}$，$b=2$，$c=\sqrt{2}$ であるとき，A を求めよ。

(2)　$a=2$，$b=4$，$c=2\sqrt{3}$ であるとき，B を求めよ。

検印

3 三角形の面積

KEY 82 2辺とその間の角が与えられた場合

△ABCの面積をSとすると

$S=\frac{1}{2}bc\sin A$　　$S=\frac{1}{2}ca\sin B$　　$S=\frac{1}{2}ab\sin C$

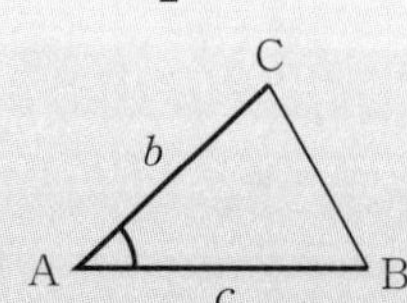

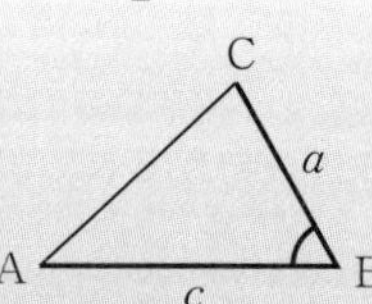

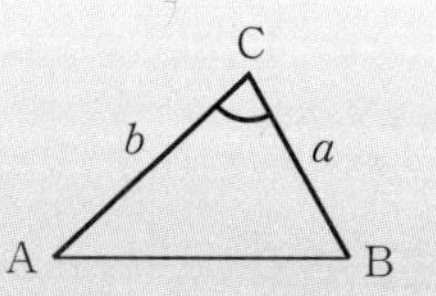

例 95 $a=4$, $b=5$, $C=60°$ である △ABC の面積 S を求めよ。

解答 $S=\frac{1}{2}\cdot4\cdot5\sin60°$

$=\frac{1}{2}\cdot4\cdot5\cdot\frac{\sqrt{3}}{2}=\mathbf{5\sqrt{3}}$

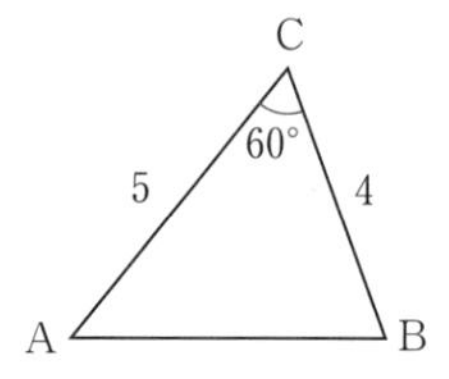

108a 基本 次の △ABC の面積 S を求めよ。

(1) $a=6$, $b=2$, $C=30°$

(2) $b=5$, $c=\sqrt{2}$, $A=45°$

(3) $c=\sqrt{3}$, $a=2$, $B=120°$

108b 基本 次の △ABC の面積 S を求めよ。

(1) $b=9$, $c=7$, $A=60°$

(2) $a=5$, $b=6\sqrt{2}$, $C=135°$

(3) $c=6$, $a=2\sqrt{2}$, $B=150°$

検印

KEY 83

3 辺が与えられた場合

① $\cos A=\dfrac{b^2+c^2-a^2}{2bc}$ を利用して，$\cos A$ の値を求める。

② $\sin^2 A+\cos^2 A=1$ を利用して，$\sin A$ の値を求める。

③ $S=\dfrac{1}{2}bc\sin A$ を利用して，面積 S を求める。

例 96 △ABC において，$a=8$，$b=7$，$c=6$ であるとき，次のものを求めよ。

(1) $\cos A$ の値　(2) $\sin A$ の値　(3) △ABC の面積 S

解答

(1) 余弦定理により　$\cos A=\dfrac{7^2+6^2-8^2}{2\cdot7\cdot6}=\dfrac{21}{2\cdot7\cdot6}=\boldsymbol{\dfrac{1}{4}}$

(2) $\sin^2 A+\cos^2 A=1$ より　$\sin^2 A=1-\cos^2 A$

$\cos A=\dfrac{1}{4}$ より　$\sin^2 A=1-\left(\dfrac{1}{4}\right)^2=\dfrac{15}{16}$

$\sin A>0$ であるから　$\sin A=\sqrt{\dfrac{15}{16}}=\boldsymbol{\dfrac{\sqrt{15}}{4}}$

(3) $S=\dfrac{1}{2}bc\sin A=\dfrac{1}{2}\cdot7\cdot6\cdot\dfrac{\sqrt{15}}{4}=\boldsymbol{\dfrac{21\sqrt{15}}{4}}$

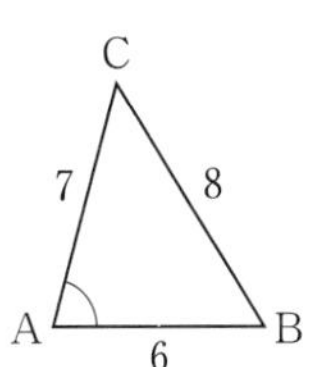

109a 標準 △ABC において，$a=8$，$b=5$，$c=7$ であるとき，次のものを求めよ。

(1) $\cos C$ の値

(2) $\sin C$ の値

(3) △ABC の面積 S

109b 標準 △ABC において，$a=6$，$b=8$，$c=4$ であるとき，次のものを求めよ。

(1) $\cos B$ の値

(2) $\sin B$ の値

(3) △ABC の面積 S

検印

4 正弦定理と余弦定理の利用

KEY 84
正弦定理と余弦定理の利用

① 正弦定理
向かい合う辺と角で利用する。

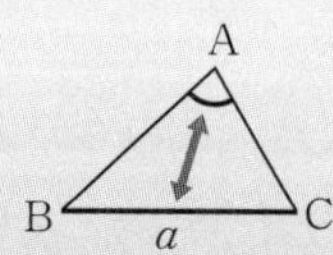

② 余弦定理
2 辺とその間の角で利用する。

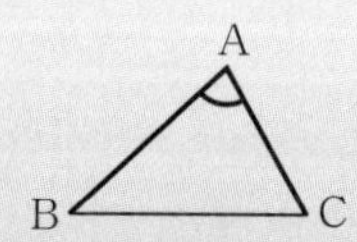

例 97 △ABC において，$a=\sqrt{2}$，$b=\sqrt{3}-1$，$C=135°$ であるとき，残りの辺の長さと角の大きさを求めよ。

解答 余弦定理により

$$c^2=(\sqrt{2})^2+(\sqrt{3}-1)^2-2\sqrt{2}\cdot(\sqrt{3}-1)\cdot\cos 135°$$

$$=2+3-2\sqrt{3}+1-2\sqrt{2}\cdot(\sqrt{3}-1)\cdot\left(-\frac{1}{\sqrt{2}}\right)=4$$

$c>0$ であるから　$c=2$

また，正弦定理により　$\dfrac{\sqrt{2}}{\sin A}=\dfrac{2}{\sin 135°}$　よって　$\sin A=\sqrt{2}\times\sin 135°\div 2=\dfrac{1}{2}$

ここで，$C=135°$ であるから　$A<45°$

◀ $\sin A=\dfrac{1}{2}$ を満たす A は　$A=30°$，$150°$ の 2 つあるが $A<45°$ であるから，$A=150°$ は不適。

したがって　$A=30°$

さらに　$B=180°-(135°+30°)=15°$

◀ $A+B+C=180°$

答　$c=2$，$A=30°$，$B=15°$

110a 標準 △ABC において，$b=2$，$c=\sqrt{2}+\sqrt{6}$，$A=45°$ であるとき，残りの辺の長さと角の大きさを求めよ。

110b 標準 △ABC において，$a=2$，$c=\sqrt{3}-1$，$B=120°$ であるとき，残りの辺の長さと角の大きさを求めよ。

検印

KEY 85 平地からの高さ

右の図において，高さ PQ は，PQ を含む直角三角形 PAQ の1つの鋭角と1つの辺の長さがわかれば求められる。
$\angle PAQ=\theta$ のとき

$$PQ=AQ\tan\theta$$

を利用すればよい。

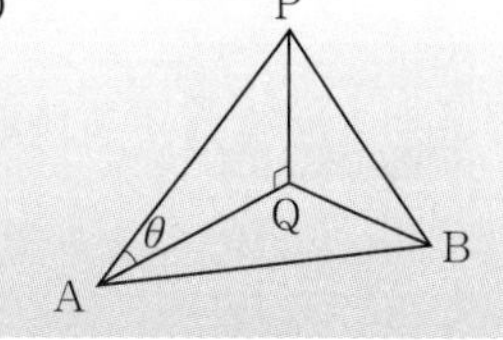

例 98 右の図のように，水平面上に 300m 離れた2地点A，Bがある。Aから山頂Pを見上げる角が 30°，$\angle QAB=105°$，$\angle QBA=45°$ であるとき，山の高さ PQ は何mか。小数第1位を四捨五入して求めよ。ただし，$\sqrt{6}=2.449$ とする。

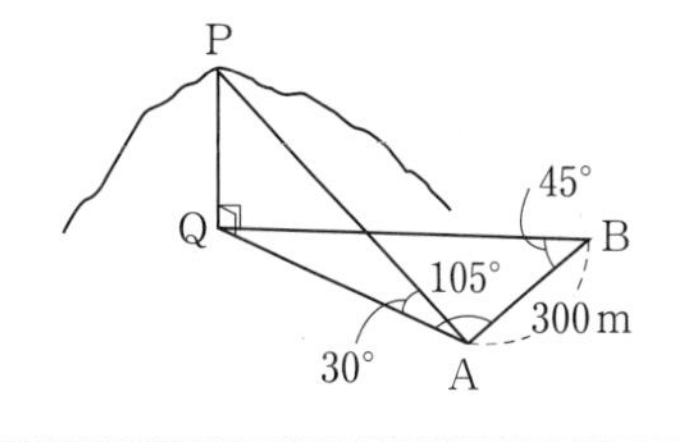

解答 $\triangle ABQ$ において，$\angle AQB=180°-(105°+45°)=30°$ であるから，正弦定理により

$$\frac{AQ}{\sin 45°}=\frac{300}{\sin 30°}$$

よって $AQ=\dfrac{300}{\sin 30°}\times\sin 45°=300\div\dfrac{1}{2}\times\dfrac{1}{\sqrt{2}}=300\sqrt{2}$

また，直角三角形 PAQ において

$$PQ=AQ\tan 30°=300\sqrt{2}\times\frac{1}{\sqrt{3}}=100\sqrt{6}=100\times 2.449$$

$$=244.9$$

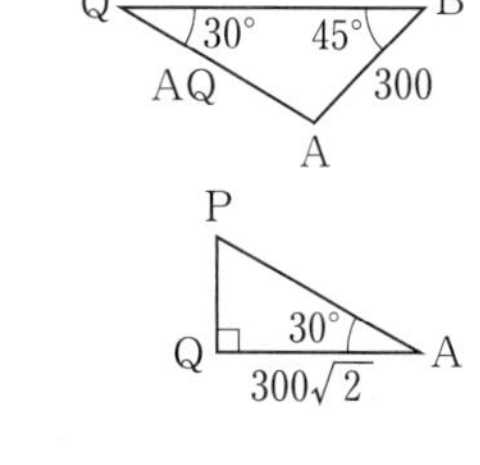

答 245m

111a 標準 次の図のように，水平面上に 200m 離れた2地点A，Bがある。Bから塔の先端Pを見上げる角が 45°，$\angle QAB=30°$，$\angle AQB=90°$ であるとき，塔の高さ PQ は何mか。

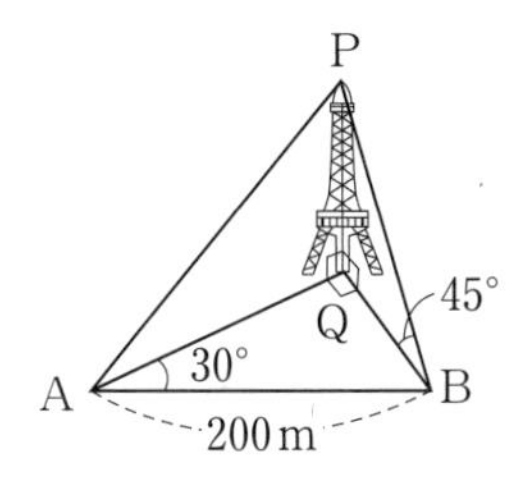

111b 標準 次の図のように，PQ が底面 QAB に垂直で，$\angle PAB=75°$，$\angle PBA=45°$，$\angle PAQ=30°$，$AB=12$ である三角錐 PQAB がある。この三角錐の高さ PQ を小数第2位を四捨五入して求めよ。ただし，$\sqrt{6}=2.449$ とする。

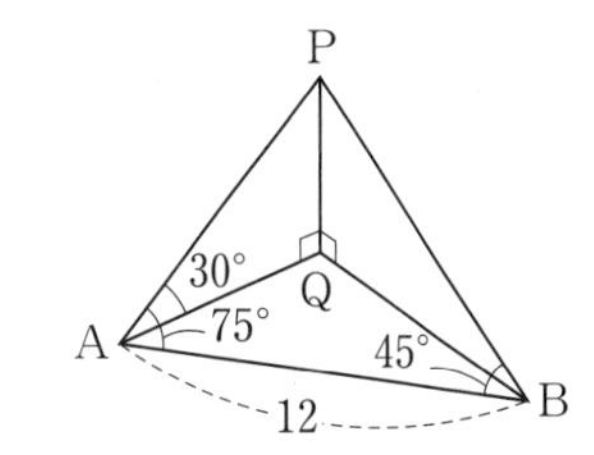

検印

例題 21　三角形を解く（2 辺とその間にない角が与えられたとき）

△ABC において，$a=\sqrt{2}$，$b=2$，$A=30^\circ$ であるとき，残りの辺の長さと角の大きさを求めよ。

【ガイド】 余弦定理から c の 2 次方程式が得られる。これを解いて c の値を求める。
c の値は 2 通りあることに注意する。　◀三角形が 1 つに定まらない。

解答 余弦定理により　$(\sqrt{2})^2=2^2+c^2-2\cdot 2\cdot c\cdot\cos 30^\circ$　◀$a^2=b^2+c^2-2bc\cos A$

整理すると　$c^2-2\sqrt{3}c+2=0$

これを解いて　$c=\dfrac{-(-2\sqrt{3})\pm\sqrt{(-2\sqrt{3})^2-4\cdot 1\cdot 2}}{2\cdot 1}=\dfrac{2\sqrt{3}\pm\sqrt{4}}{2}=\sqrt{3}\pm 1$

(i) $c=\sqrt{3}+1$ のとき

$$\cos B=\frac{(\sqrt{3}+1)^2+(\sqrt{2})^2-2^2}{2\cdot(\sqrt{3}+1)\cdot\sqrt{2}}=\frac{2(\sqrt{3}+1)}{2\sqrt{2}(\sqrt{3}+1)}=\frac{1}{\sqrt{2}}$$

よって　$B=45^\circ$

したがって　$C=180^\circ-(30^\circ+45^\circ)=105^\circ$　◀$A+B+C=180^\circ$

(ii) $c=\sqrt{3}-1$ のとき

$$\cos B=\frac{(\sqrt{3}-1)^2+(\sqrt{2})^2-2^2}{2\cdot(\sqrt{3}-1)\cdot\sqrt{2}}=\frac{-2(\sqrt{3}-1)}{2\sqrt{2}(\sqrt{3}-1)}=-\frac{1}{\sqrt{2}}$$

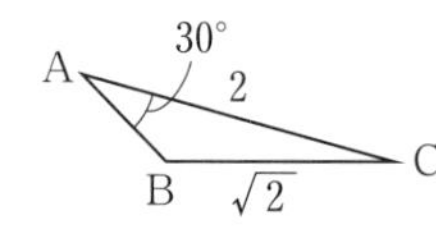

よって　$B=135^\circ$

したがって　$C=180^\circ-(30^\circ+135^\circ)=15^\circ$

答　**$c=\sqrt{3}+1$，$B=45^\circ$，$C=105^\circ$　または　$c=\sqrt{3}-1$，$B=135^\circ$，$C=15^\circ$**

練習 21　△ABC において，$a=2$，$b=2\sqrt{3}$，$A=30^\circ$ であるとき，残りの辺の長さと角の大きさを求めよ。

検印

例題 22 角を 2 等分する線分の長さ

△ABC において，AB=12，AC=4，$A=60^\circ$ とする。

∠A の二等分線と辺 BC との交点をDとするとき，AD の長さを求めよ。

【ガイド】 △ABD＋△ACD＝△ABC であることを利用する。 ◀△ABC は三角形 ABC の面積を表す。

解答 AD=x とおく。

△ABD＋△ACD＝△ABC であるから

$$\frac{1}{2}\mathrm{AB}\cdot\mathrm{AD}\sin 30^\circ+\frac{1}{2}\mathrm{AC}\cdot\mathrm{AD}\sin 30^\circ=\frac{1}{2}\mathrm{AB}\cdot\mathrm{AC}\sin 60^\circ$$

よって $\frac{1}{2}\cdot 12\cdot x\cdot\frac{1}{2}+\frac{1}{2}\cdot 4\cdot x\cdot\frac{1}{2}=\frac{1}{2}\cdot 12\cdot 4\cdot\frac{\sqrt{3}}{2}$

整理すると $4x=12\sqrt{3}$

これを解いて $x=3\sqrt{3}$

すなわち AD=$\boldsymbol{3\sqrt{3}}$

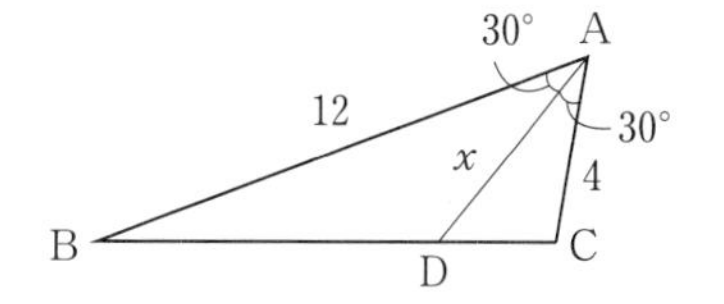

練習 22

次の △ABC において，∠A の二等分線と辺 BC との交点をDとするとき，AD の長さを求めよ。

(1) AB=12，AC=5，$A=120^\circ$

(2) AB=3，AC=4，$A=90^\circ$

3章 図形と計量

検印

例題 23 円に内接する四角形

円に内接する四角形 ABCD において，AB=8，BC=5，CD=3，$B=60°$ であるとき，次のものを求めよ。

(1) 対角線 AC の長さ　　(2) 辺 AD の長さ　　(3) 四角形 ABCD の面積 S

【ガイド】(2) $B+D=180°$ であることから D を求める。
△ACD において，余弦定理を利用する。
(3) △ABC，△ACD それぞれの面積を求めて加える。

◀円に内接する四角形の対角の和は 180° であることが知られている。

和は
180°

解答 (1) △ABC において，余弦定理により

$$AC^2=8^2+5^2-2\cdot8\cdot5\cos60°=49$$

AC>0 であるから　　AC=**7**

(2) 四角形 ABCD は円に内接しているから

$$D=180°-B=180°-60°=120°$$

AD=x とする。△ACD において，余弦定理により

$$7^2=3^2+x^2-2\cdot3\cdot x\cos120°$$

整理すると　　$x^2+3x-40=0$　　$(x+8)(x-5)=0$

$x>0$ であるから　　$x=5$　　すなわち　　AD=**5**

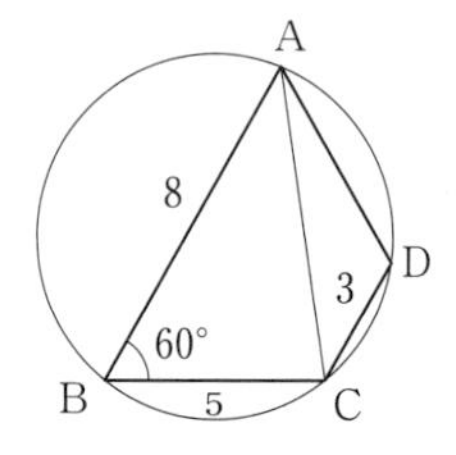

(3) $S=\triangle ABC+\triangle ACD=\dfrac{1}{2}\cdot8\cdot5\sin60°+\dfrac{1}{2}\cdot3\cdot5\sin120°=\mathbf{\dfrac{55\sqrt{3}}{4}}$

練習 23

円に内接する四角形 ABCD において，AB=6，BC=CD=3，$B=120°$ であるとき，次のものを求めよ。

(1) 対角線 AC の長さ

(2) 辺 AD の長さ

(3) 四角形 ABCD の面積 S

検印

例題 24 空間図形の計量

直方体 ABCD-EFGH において，AB$=4$，AD$=\sqrt{6}$，AE$=2$ であるとき，△BDE の面積 S を求めよ。

【ガイド】 三平方の定理を利用して，△BDE の 3 辺の長さを求める。
余弦定理を利用して，$\cos\angle$DEB の値を求め，さらに $\sin\angle$DEB の値を求める。

解答 △BDE の 3 辺の長さは，三平方の定理を利用して

$$\mathrm{BD}=\sqrt{\mathrm{AB}^2+\mathrm{AD}^2}=\sqrt{4^2+(\sqrt{6})^2}=\sqrt{22}$$
$$\mathrm{DE}=\sqrt{\mathrm{AD}^2+\mathrm{AE}^2}=\sqrt{(\sqrt{6})^2+2^2}=\sqrt{10}$$
$$\mathrm{BE}=\sqrt{\mathrm{AB}^2+\mathrm{AE}^2}=\sqrt{4^2+2^2}=2\sqrt{5}$$

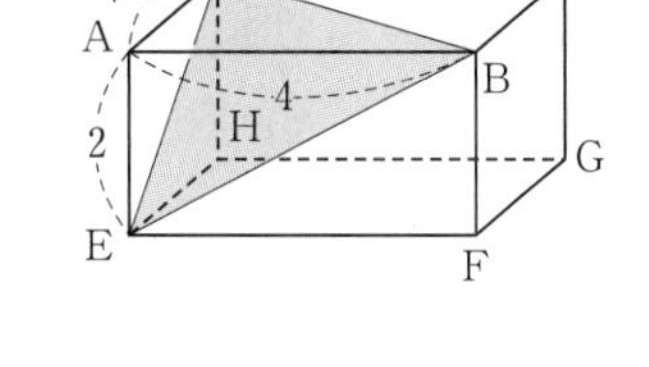

△BDE において，余弦定理により

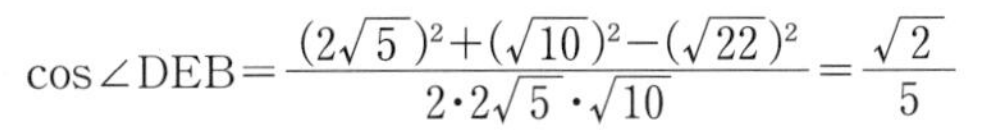

$$\cos\angle\mathrm{DEB}=\frac{(2\sqrt{5})^2+(\sqrt{10})^2-(\sqrt{22})^2}{2\cdot 2\sqrt{5}\cdot\sqrt{10}}=\frac{\sqrt{2}}{5}$$

$\sin\angle\mathrm{DEB}>0$ であるから

$$\sin\angle\mathrm{DEB}=\sqrt{1-\left(\frac{\sqrt{2}}{5}\right)^2}=\frac{\sqrt{23}}{5}$$

したがって $\quad S=\frac{1}{2}\cdot\mathrm{DE}\cdot\mathrm{BE}\sin\angle\mathrm{DEB}=\frac{1}{2}\cdot\sqrt{10}\cdot 2\sqrt{5}\cdot\frac{\sqrt{23}}{5}=\boldsymbol{\sqrt{46}}$

練習 24 直方体 ABCD-EFGH において，AB$=\sqrt{2}$，AD$=\sqrt{5}$，AE$=1$ であるとき，△BDE の面積 S を求めよ。

検印

例題 25　三角形の内接円の半径

$\triangle$ABC において，$a=9$，$b=8$，$c=7$ であるとき，次のものを求めよ。

(1)　$\triangle$ABC の面積 S　　　(2)　$\triangle$ABC の内接円の半径 r

【ガイド】 (1)　$\cos A \to \sin A \to S$ の順に求める。(p. 107 参照)

(2)　$S=\dfrac{1}{2}r(a+b+c)$ を利用する。

三角形の 3 つの辺に接する円を内接円という。$\triangle$ABC の内接円の中心を I，半径を r とすると

$S=\triangle\text{IBC}+\triangle\text{ICA}+\triangle\text{IAB}$

$\quad =\dfrac{1}{2}ar+\dfrac{1}{2}br+\dfrac{1}{2}cr=\boldsymbol{\dfrac{1}{2}r(a+b+c)}$

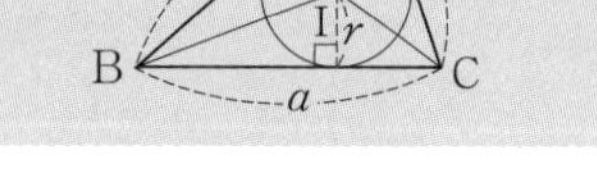

解答 (1)　余弦定理により　　$\cos A=\dfrac{8^2+7^2-9^2}{2\cdot 8\cdot 7}=\dfrac{2}{7}$

$\sin A>0$ であるから

$$\sin A=\sqrt{1-\left(\frac{2}{7}\right)^2}=\frac{3\sqrt{5}}{7}$$

よって　　$S=\dfrac{1}{2}\cdot 8\cdot 7\cdot \dfrac{3\sqrt{5}}{7}=\boldsymbol{12\sqrt{5}}$

(2)　$S=\dfrac{1}{2}r(a+b+c)$ であるから

$$12\sqrt{5}=\frac{1}{2}r(9+8+7)$$

◀$S=12\sqrt{5}$，$a=9$，$b=8$，$c=7$ を代入する。

よって　　$r=\boldsymbol{\sqrt{5}}$

練習 25　$\triangle$ABC において，$a=7$，$b=5$，$c=3$ であるとき，次のものを求めよ。

(1)　$\triangle$ABC の面積 S

(2)　$\triangle$ABC の内接円の半径 r

検印

1 集合

KEY 86 集合の表し方

集合の表し方には，次の 2 つの方法がある。
① { }の中に要素を書き並べる。　② { }の中に要素の満たす条件を書く。

例 99 集合 $A=\{x \mid x$ は15の正の約数$\}$ を，要素を書き並べる方法で表せ。

解答 $A=\{1,\ 3,\ 5,\ 15\}$

112a 基本 次の集合を，要素を書き並べる方法で表せ。

(1) $A=\{x \mid x$ は20の正の約数$\}$

(2) $B=\{x \mid x$ は30以下の自然数で 7 の倍数$\}$

112b 基本 次の集合を，要素を書き並べる方法で表せ。

(1) $A=\{x \mid x$ は30の正の約数$\}$

(2) $B=\{x \mid x$ は $x^2-16=0$ を満たす数$\}$

KEY 87 部分集合

2 つの集合 A，B について，A の要素がすべて B の要素になっているとき，A は B の部分集合であるといい，$A \subset B$ で表す。

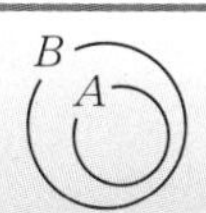

例 100 $A=\{1,\ 3,\ 5,\ 7,\ 9\}$，$B=\{1,\ 3,\ 9\}$ のとき，2 つの集合 A，B の関係を，記号$\subset$を用いて表せ。

解答 B の要素は，すべて A の要素であるから　$B \subset A$

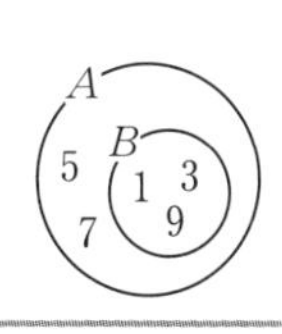

113a 基本 次の 2 つの集合 A，B の関係を，記号$\subset$を用いて表せ。

(1) $A=\{1,\ 3,\ 5,\ 7,\ 9\}$，$B=\{3,\ 7,\ 9\}$

(2) $A=\{x \mid x$ は 6 の正の約数$\}$，
$B=\{x \mid x$ は24の正の約数$\}$

113b 基本 次の 2 つの集合 A，B の関係を，記号$\subset$を用いて表せ。

(1) $A=\{1,\ 4,\ 7\}$，$B=\{1,\ 2,\ 4,\ 5,\ 7,\ 8\}$

(2) $A=\{x \mid x$ は整数で，$-2 \leqq x \leqq 4\}$，
$B=\{x \mid x$ は自然数で，$x<4\}$

考えてみよう 12 集合$\{1,\ 2,\ 3\}$の部分集合をすべて求めてみよう。

検印

検印

KEY 88 共通部分と和集合

共通部分 $A\cap B$…集合AとBの両方に属する要素の集合

和集合 $A\cup B$……集合AとBの少なくとも一方に属する要素の集合

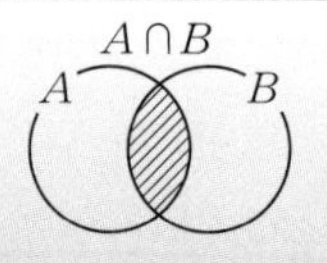

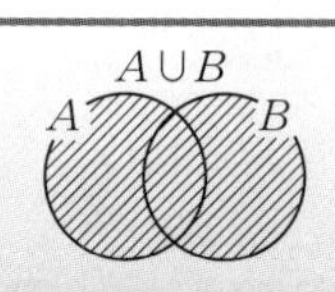

例 101 2つの集合 $A=\{1,\ 3,\ 5,\ 7,\ 9\}$, $B=\{3,\ 6,\ 9\}$ について, $A\cap B$ と $A\cup B$ を求めよ。

解答 $A\cap B=\{3,\ 9\}$

$A\cup B=\{1,\ 3,\ 5,\ 6,\ 7,\ 9\}$

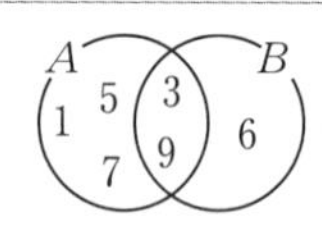

114a 基本 次の集合 A, B について, $A\cap B$ と $A\cup B$ を求めよ。

(1) $A=\{1,\ 2,\ 3,\ 6\}$,
$B=\{2,\ 4,\ 6,\ 8\}$

(2) $A=\{1,\ 2,\ 4,\ 8,\ 16\}$,
$B=\{3,\ 6,\ 9,\ 12,\ 15\}$

(3) $A=\{x\,|\,x$ は15の正の約数$\}$,
$B=\{x\,|\,x$ は20の正の約数$\}$

114b 基本 次の集合 A, B について, $A\cap B$ と $A\cup B$ を求めよ。

(1) $A=\{1,\ 5,\ 9,\ 13\}$,
$B=\{1,\ 3,\ 5,\ 7,\ 9,\ 11,\ 13\}$

(2) $A=\{0,\ 3,\ 6,\ 10\}$,
$B=\{x\,|\,x$ は16の正の約数$\}$

(3) $A=\{x\,|\,x$ は1桁の正の偶数$\}$,
$B=\{x\,|\,x$ は12の正の約数$\}$

検印

KEY 89 補集合

全体集合Uの部分集合をAとするとき, Uの要素であってAの要素でないものの集合をAの補集合といい, $\overline{A}$ で表す。

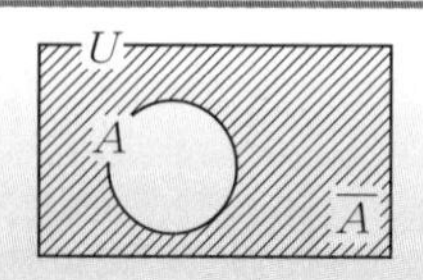

例 102 全体集合を $U=\{1,\ 2,\ 3,\ 4,\ 5,\ 6\}$ とする。$A=\{2,\ 4,\ 6\}$ の補集合 $\overline{A}$ を求めよ。

解答 全体集合Uの要素で, A の要素でないものの集合であるから

$\overline{A}=\{1,\ 3,\ 5\}$

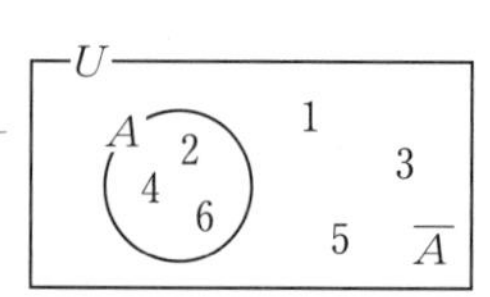

115a 基本 次の全体集合UおよびUの部分集合Aについて，Aの補集合$\overline{A}$を求めよ。

$U=\{1,\ 2,\ 3,\ 4,\ 5,\ 6,\ 7,\ 8,\ 9\}$,

$A=\{1,\ 3,\ 5,\ 7,\ 9\}$

115b 基本 次の全体集合UおよびUの部分集合Aについて，Aの補集合$\overline{A}$を求めよ。

$U=\{x\,|\,x$ は24の正の約数$\}$,

$A=\{x\,|\,x$ は8の正の約数$\}$

116a 基本 全体集合を

$U=\{x\,|\,x$ は15以下の自然数$\}$ とする。

$A=\{2,\ 4,\ 6,\ 8,\ 10,\ 12,\ 14\}$,

$B=\{3,\ 6,\ 9,\ 12,\ 15\}$

について，次の集合を求めよ。

(1) $\overline{A}$

(2) $\overline{B}$

(3) $A\cup B$

(4) $\overline{A\cup B}$

116b 基本 全体集合を

$U=\{x\,|\,x$ は12以下の自然数$\}$ とする。

$A=\{x\,|\,x$ は12の正の約数$\}$,

$B=\{x\,|\,x$ は3で割り切れる数$\}$

について，次の集合を求めよ。

(1) $\overline{A}$

(2) $\overline{B}$

(3) $A\cap B$

(4) $\overline{A\cap B}$

検印

2 命題

KEY 90 命題の真偽と集合

① 条件 p, q を満たすものの集合をそれぞれ P, Q とすると，次の 1 と 2 は同じことである。

1 命題「$p \Longrightarrow q$」が真である。　　2 $P \subset Q$ が成り立つ。

② p であるが q でない例(反例)があれば，命題「$p \Longrightarrow q$」は偽である。

例 103 x は実数とする。次の命題の真偽を調べよ。偽であるものは反例を示せ。

(1) $x^2=25 \Longrightarrow x=5$　　(2) $x>4 \Longrightarrow x>1$

解答 (1) 偽である。反例は $x=-5$

(2) $P=\{x \mid x>4\}$, $Q=\{x \mid x>1\}$ とすると

$P \subset Q$

よって，この命題は真である。

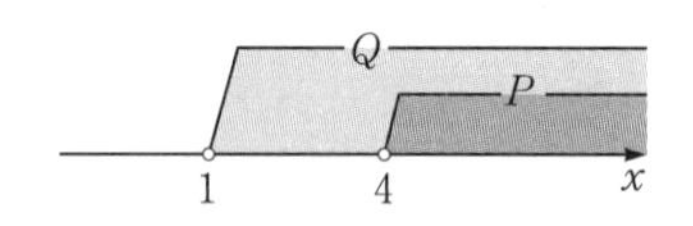

117a 基本 x は実数，n は自然数とする。次の命題の真偽を調べよ。偽であるものは反例を示せ。

(1) $x=4 \Longrightarrow x^2=16$

(2) $x<-5 \Longrightarrow x<-2$

(3) n が36の正の約数ならば，n は18の正の約数である。

117b 基本 x は実数，n は自然数とする。次の命題の真偽を調べよ。偽であるものは反例を示せ。

(1) $x(x-1)=0 \Longrightarrow x=1$

(2) $x>3 \Longrightarrow x \geqq 4$

(3) n が45の正の約数ならば，n は奇数である。

検印

KEY 91 必要条件と十分条件

① 命題「$p \Longrightarrow q$」が真であるとき，
p は，q であるための十分条件
q は，p であるための必要条件

② 命題「$p \Longrightarrow q$」と「$q \Longrightarrow p$」がともに真であるとき，
p は，q であるための必要十分条件
q は，p であるための必要十分条件

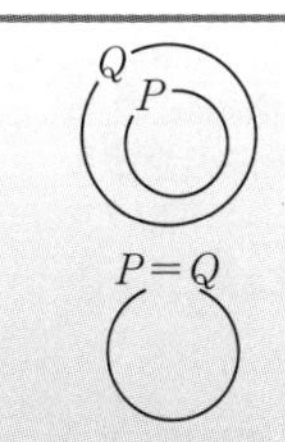

例 104 x は実数とする。次の□に，十分，必要，必要十分のうち，最も適切なものを入れよ。

$x^2=3$ は，$x=\sqrt{3}$ であるための［　　　］条件である。

解答 命題「$x^2=3 \Longrightarrow x=\sqrt{3}$」は偽である。反例は $x=-\sqrt{3}$　◀$x^2=3$ を解くと　$x=\pm\sqrt{3}$
命題「$x=\sqrt{3} \Longrightarrow x^2=3$」は真である。
よって，$x^2=3$ は，$x=\sqrt{3}$ であるための**必要条件**である。

118a 標準 n は自然数，a，b，x は実数とする。次の□に，十分，必要，必要十分のうち，最も適切なものを入れよ。

(1) n が12の倍数であることは，n が 4 の倍数であるための［　　　］条件である。

(2) $a(b-1)=0$ は，$a=0$ であるための［　　　］条件である。

(3) $x=3$ は，$x^2=6x-9$ であるための［　　　］条件である。

118b 標準 a, b, c は実数とする。次の□に，十分，必要，必要十分のうち，最も適切なものを入れよ。

(1) △ABC において，∠A が鋭角であることは，△ABC が鋭角三角形であるための［　　　］条件である。

(2) $c<0$ とするとき，$a<b$ は，$ac>bc$ であるための［　　　］条件である。

(3) a と b が有理数であることは，$a+b$ が有理数であるための［　　　］条件である。

検印

KEY 92 条件の否定

① 条件pに対して，「pでない」という条件をpの否定といい，$\overline{p}$ で表す。
② $\overline{p\text{ かつ }q} \iff \overline{p}$ または $\overline{q}$，　$\overline{p\text{ または }q} \iff \overline{p}$ かつ $\overline{q}$

例 105 x，yは実数とする。次の条件の否定を述べよ。

(1)　$x<0$　　(2)　$x \neq 1$ かつ $y=2$　　(3)　$x \leqq 1$ または $x>5$

解答
(1)　$\boldsymbol{x \geqq 0}$
(2)　$\boldsymbol{x=1}$ **または** $\boldsymbol{y \neq 2}$
(3)　$x>1$ かつ $x \leqq 5$　　すなわち　$\boldsymbol{1<x \leqq 5}$

119a 基本 xは実数，nは整数とする。次の条件の否定を述べよ。

(1)　$x>-2$

(2)　$x=3$

(3)　nは偶数である。

119b 基本 xは実数とする。次の条件の否定を述べよ。

(1)　$x \leqq 4$

(2)　$x \neq -1$

(3)　xは有理数である。

120a 基本 x，yは実数，m，nは整数とする。次の条件の否定を述べよ。

(1)　$x=1$ かつ $y=3$

(2)　$x>1$ かつ $x<3$

(3)　$x \leqq 0$ または $x \geqq 10$

(4)　m または n は奇数である。

120b 基本 x，yは実数，m，nは整数とする。次の条件の否定を述べよ。

(1)　$x \neq 0$ かつ $y \neq 0$

(2)　$0<x<1$

(3)　$x<3$ または $x \geqq 4$

(4)　m，n はともに奇数である。

検印

3 証明法

KEY 93
逆・裏・対偶

① 命題「$p \Longrightarrow q$」に対して，
命題「$q \Longrightarrow p$」を逆，
命題「$\overline{p} \Longrightarrow \overline{q}$」を裏，
命題「$\overline{q} \Longrightarrow \overline{p}$」を対偶
という。

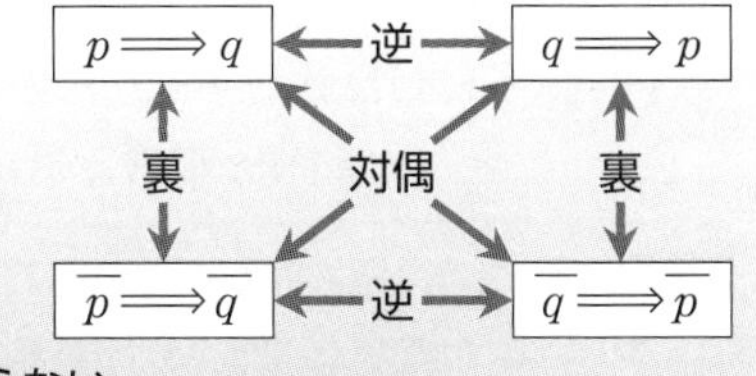

② 真である命題の逆や裏は，真であるとは限らない。
命題とその対偶の真偽は一致する。

例 106 x は実数とする。命題「$x=0 \Longrightarrow x^2+x=0$」の逆，裏，対偶を述べ，それらの真偽を調べよ。

解答 逆「$x^2+x=0 \Longrightarrow x=0$」 これは偽である。反例は $x=-1$　◀$x^2+x=0$ を解くと　$x=0,\ -1$

裏「$x \neq 0 \Longrightarrow x^2+x \neq 0$」 これは偽である。反例は $x=-1$

対偶「$x^2+x \neq 0 \Longrightarrow x \neq 0$」 これは真である。◀もとの命題が真であるから，その対偶も真である。

121a 基本 x は実数とする。次の命題の逆，裏，対偶を述べ，それらの真偽を調べよ。

(1) $x=5 \Longrightarrow x^2=25$

(2) $x \leqq 1 \Longrightarrow x^2=1$

121b 基本 $x,\ y$ は実数とする。次の命題の逆，裏，対偶を述べ，それらの真偽を調べよ。

(1) $x<1 \Longrightarrow x \leqq 0$

(2) $x+y \neq 0 \Longrightarrow x \neq 0$ または $y \neq 0$

検印

KEY 94 対偶を利用する証明法

命題「$p \Longrightarrow q$」が真であることを直接証明するかわりに，その対偶「$\overline{q} \Longrightarrow \overline{p}$」が真であることを証明する。

例 107 n は自然数とする。次の命題を，対偶を利用して証明せよ。

$(n+1)^2$ が偶数ならば，n は奇数である。

証明 この命題の対偶「n が偶数ならば，$(n+1)^2$ は奇数である。」を証明する。

n が偶数ならば，n は自然数 k を用いて　$n=2k$

と表すことができる。このとき　$(n+1)^2=(2k+1)^2=4k^2+4k+1=2(2k^2+2k)+1$

$2k^2+2k$ は自然数であるから，$(n+1)^2$ は奇数である。

対偶が真であるから，もとの命題も真である。

122a 標準 次の命題を，対偶を利用して証明せよ。

(1) a，b は実数とするとき，

$a+b \geqq 0 \Longrightarrow a \geqq 0$ または $b \geqq 0$

(2) n を自然数とするとき，

n^3 が奇数ならば，n は奇数である。

122b 標準 次の命題を，対偶を利用して証明せよ。

(1) x は実数とするとき，

$x^3 \neq 1 \Longrightarrow x \neq 1$

(2) n を自然数とするとき，

$5n+1$ が奇数ならば，n は偶数である。

検印

KEY 95 背理法を利用する証明法

背理法による証明は，次の手順で行う。
① 「命題が成り立たない」と仮定する。
② 矛盾を導く。
③ ①の仮定は誤りであるから，「命題が成り立つ」。

例 108 $\sqrt{3}$ が無理数であることを用いて，$\sqrt{3}-1$ が無理数であることを，背理法を利用して証明せよ。

証明 $\sqrt{3}-1$ が無理数でないと仮定すると，$\sqrt{3}-1$ は有理数であるから，有理数 a を用いて
$\sqrt{3}-1=a$ と表すことができる。
これを変形すると　$\sqrt{3}=a+1$
a は有理数であるから，右辺の $a+1$ は有理数である。　◀有理数と有理数の和は有理数である。
これは左辺の $\sqrt{3}$ が無理数であることに矛盾する。
したがって，$\sqrt{3}-1$ は無理数である。

123a 標準 $\sqrt{5}$ が無理数であることを用いて，$\sqrt{5}+2$ が無理数であることを，背理法を利用して証明せよ。

123b 標準 π が無理数であることを用いて，2π が無理数であることを，背理法を利用して証明せよ。

検印

1 節 データの分析

1 データの整理，代表値

KEY 96
平均値，最頻値，中央値

平均値…変量 x の n 個のデータの値 x_1，x_2，……，x_n の平均値 $\overline{x}$ は

平均値＝$\dfrac{\text{変量の値の合計}}{\text{変量の値の個数}}$　　$\overline{x}=\dfrac{x_1+x_2+\cdots\cdots+x_n}{n}$

最頻値…データのうちで最も多く現れる値

中央値…データの値を小さい順に並べたとき，中央にくる値
データの値の個数が偶数のときは，中央に並ぶ 2 つの値の平均値

奇数のとき
○○○○○○○
↑
中央値

偶数のとき
○○○●○○○○
↑
中央値 $\dfrac{●+○}{2}$

例 109 次のデータは，生徒10人が 1 年間に見た映画の数である。このデータについて，平均値，最頻値，中央値をそれぞれ求めよ。

0，1，2，3，3，5，5，5，8，10　（本）

解答　平均値は　$\dfrac{0+1+2+3+3+5+5+5+8+10}{10}=\dfrac{42}{10}=\mathbf{4.2}$（本）

◀変量とその平均値は同じ単位をもつ。

最頻値は　**5 本**

中央値は　$\dfrac{3+5}{2}=\mathbf{4}$（本）

124a 基本　7 回のテストの得点は

2，3，4，4，4，9，9　（点）

であった。次の問いに答えよ。

(1)　平均値を求めよ。

(2)　最頻値を求めよ。

(3)　中央値を求めよ。

124b 基本　生徒 8 人のテストの得点は

2，3，4，4，6，7，7，7　（点）

であった。次の問いに答えよ。

(1)　平均値を求めよ。

(2)　最頻値を求めよ。

(3)　中央値を求めよ。

検印

KEY 97
ヒストグラム，度数分布表と代表値

ヒストグラム…階級の幅を底辺とし，度数を高さとする長方形を，すき間をあけずに順にかいたグラフ

データが度数分布表で与えられた場合の代表値

平均値…階級値 x と度数 f の積 xf を求めて，その合計を度数の総和で割って得られる値

最頻値…度数が最も大きい階級の階級値

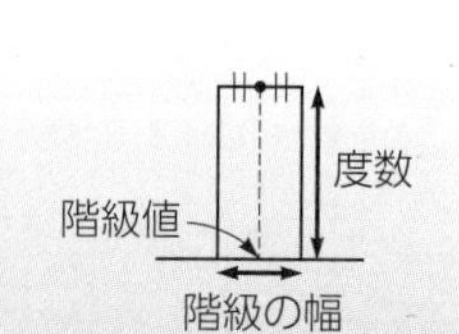

例 110 右の表は，男子20人の走り高跳びの記録をまとめたものである。

(1) ヒストグラムをかけ。

(2) 平均値を求めよ。

(3) 最頻値を求めよ。

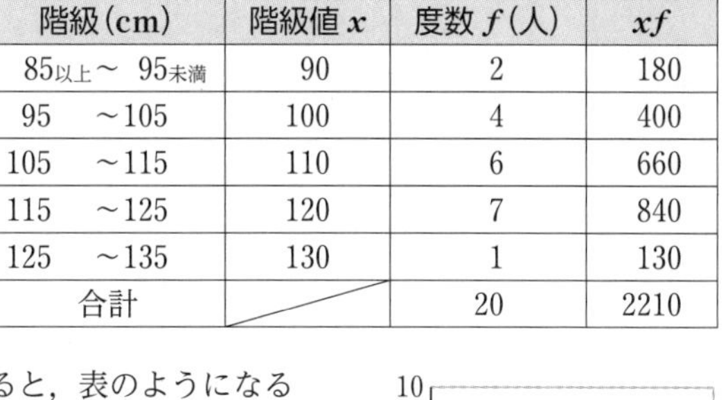

階級(cm)	階級値 x	度数 f (人)	xf
85以上～ 95未満	90	2	180
95 ～105	100	4	400
105 ～115	110	6	660
115 ～125	120	7	840
125 ～135	130	1	130
合計		20	2210

解答 (1) ヒストグラムは右下のようになる。

(2) 階級値 x と度数 f の積 xf とその和を求めると，表のようになるから，x の平均値 $\overline{x}$ は

$$\overline{x}=\frac{2210}{20}=\mathbf{110.5}\ \textbf{(cm)}$$

(3) 度数が最も大きい階級は 115cm 以上 125cm 未満であるから，最頻値はその階級値の **120cm** である。

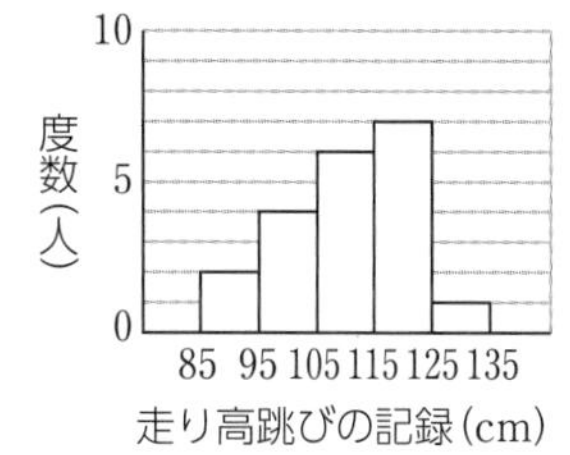

125a 基本

右の表は，女子20人のハンドボール投げの記録をまとめたものである。

(1) 右下の図にヒストグラムをかけ。

(2) 表を完成し，平均値を求めよ。

階級(m)	階級値 x	度数 f (人)	xf
9以上～11未満		1	
11 ～13		1	
13 ～15		5	
15 ～17		9	
17 ～19		3	
19 ～21		1	
合計		20	

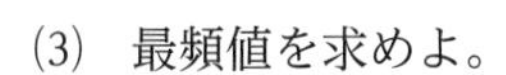
(3) 最頻値を求めよ。

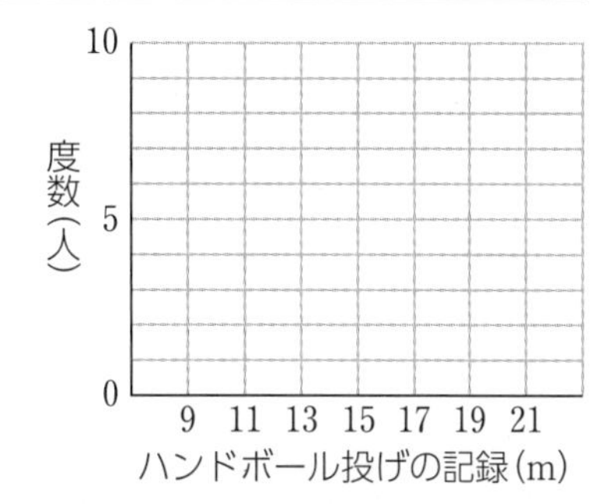

125b 基本

右の表は，男子20人の 50m 走の記録をまとめたものである。

(1) 右下の図にヒストグラムをかけ。

(2) 表を完成し，平均値を求めよ。

階級(秒)	階級値 x	度数 f (人)	xf
6.8以上～7.2未満		2	
7.2 ～7.6		4	
7.6 ～8.0		7	
8.0 ～8.4		6	
8.4 ～8.8		1	
合計		20	

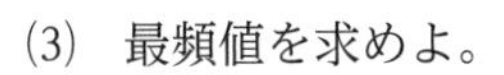
(3) 最頻値を求めよ。

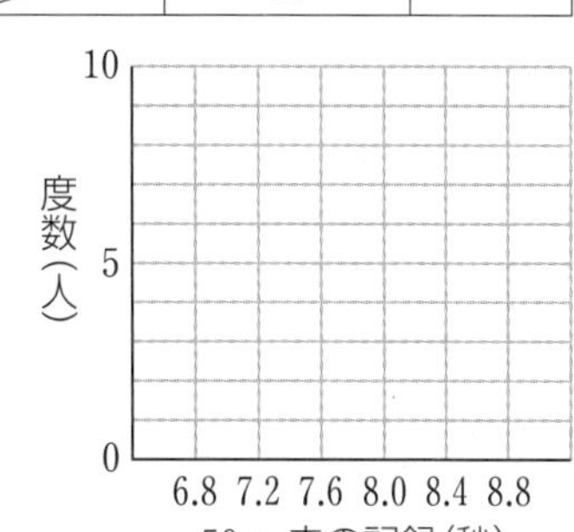

検印

2 データの散らばりと四分位数

KEY 98 範囲

データの最大値から最小値を引いた値を範囲という。

範囲＝最大値－最小値

例 111 データ 8, 13, 5, 1, 7, 8, 10, 17, 5, 11 について，範囲を求めよ。

解答 最大値が17，最小値が 1 であるから，範囲は　17－1＝**16**

126a 基本 次のデータについて，範囲を求めよ。

52, 61, 37, 83, 59, 44, 48, 79

126b 基本 次のデータについて，範囲を求めよ。

18, 24, 23, 11, 23, 25, 18, 16, 25

検印

KEY 99 四分位数と四分位範囲

① データの値を小さい順に並べ，右の図のように，中央値を境にして前半部分と後半部分の 2 つの部分に分ける。このとき，最小値を含む前半部分の中央値を第 1 四分位数，中央値を第 2 四分位数，最大値を含む後半部分の中央値を第 3 四分位数といい，それぞれ Q_1, Q_2, Q_3 で表す。これらをまとめて四分位数という。

② 四分位範囲＝Q_3-Q_1,　　四分位偏差＝$\dfrac{Q_3-Q_1}{2}$

例 112 10個の値 1, 1, 2, 3, 3, 5, 6, 9, 10, 10 について，四分位数 Q_1, Q_2, Q_3, および四分位範囲と四分位偏差を求めよ。

解答 $Q_1=2$, $Q_2=\dfrac{3+5}{2}=4$, $Q_3=9$

また，四分位範囲は　$Q_3-Q_1=9-2=\mathbf{7}$

四分位偏差は　$\dfrac{Q_3-Q_1}{2}=\dfrac{\mathbf{7}}{\mathbf{2}}$

127a 基本 次のデータについて，四分位数 Q_1, Q_2, Q_3, および四分位範囲と四分位偏差を求めよ。

(1) 1, 3, 5, 7, 10, 13, 14, 16, 18

(2) 9, 1, 5, 7, 6, 2, 3

127b 基本 次のデータについて，四分位数 Q_1, Q_2, Q_3, および四分位範囲と四分位偏差を求めよ。

(1) 1, 1, 1, 3, 4, 4, 6, 8, 9, 9, 11, 15

(2) 7, 1, 10, 5, 7, 3, 15, 9, 5, 3

検印

KEY 100 箱ひげ図

最小値，第 1 四分位数，中央値(第 2 四分位数)，第 3 四分位数，最大値という 5 つの値を用いて，右の図のような箱ひげ図をかくことができる。

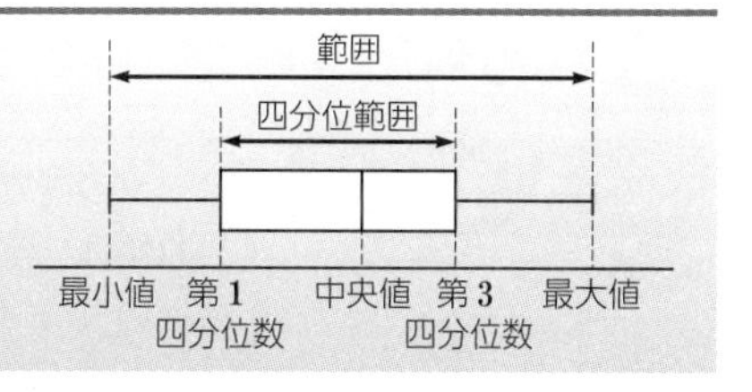

例 113 右の 2 つのデータ A，B について，それぞれの箱ひげ図をかき，データの散らばり具合を比べよ。

データA	1	2	4	4	6	8	8	14	15
データB	3	5	5	6	8	8	9	9	12

解答 データ A，B について箱ひげ図をかくと，右のようになる
箱ひげ図全体の横幅や箱の横幅がデータ B の方が短いから，**データ B の方が散らばり具合が小さいと考えられる。**

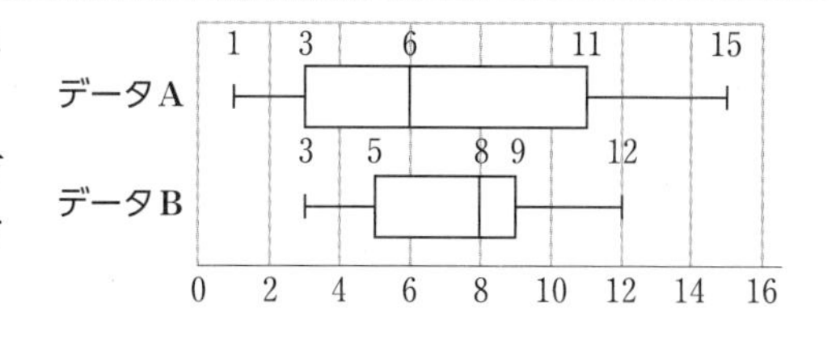

128a 標準 次のデータは，2 つのチーム A，B の11人の選手について，反復横跳びの回数を記録したものである。それぞれの箱ひげ図をかき，データの散らばり具合を比べよ。

チームA (回)	55	52	58	61	62	56	55	58	50	54	59
チームB (回)	54	48	50	59	58	62	51	62	53	63	55

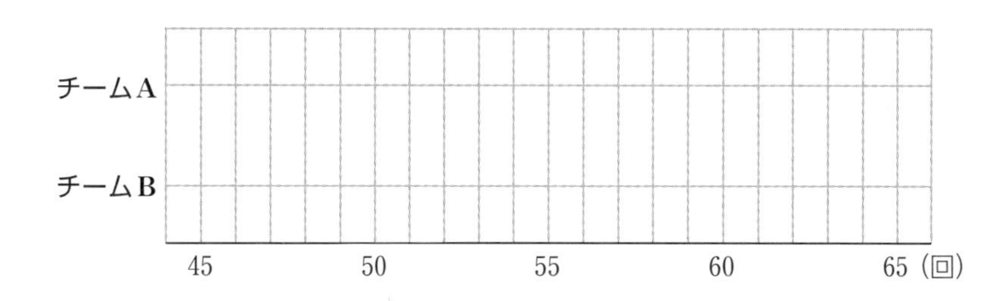

128b 標準 次のデータは，2 つの都市A，Bのある年の月間最低気温を記録したものである。それぞれの箱ひげ図をかき，データの散らばり具合を比べよ。

	1月	2月	3月	4月	5月	6月	7月	8月	9月	10月	11月	12月
都市A (°C)	1	0	3	7	9	13	19	20	15	12	6	1
都市B (°C)	13	11	11	15	17	24	25	25	24	19	14	13

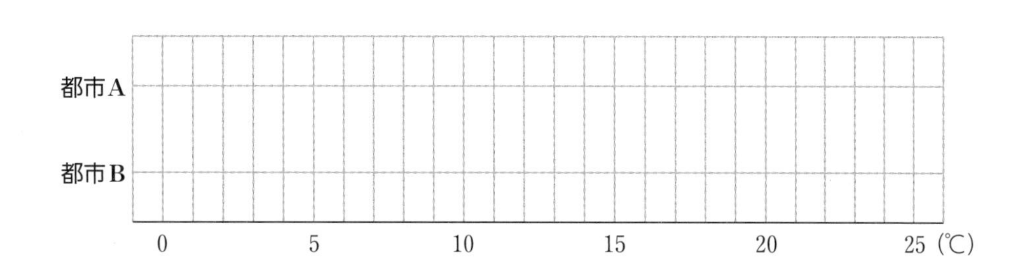

検印

3 外れ値

KEY 101
外れ値

データの中で，ほかの値から極端にかけ離れた値を外れ値（はずれち）という。
外れ値は，箱ひげ図の箱の両端から四分位範囲の1.5倍よりも外側に離れている値で，ひげの外に「×」などでかくことがある。

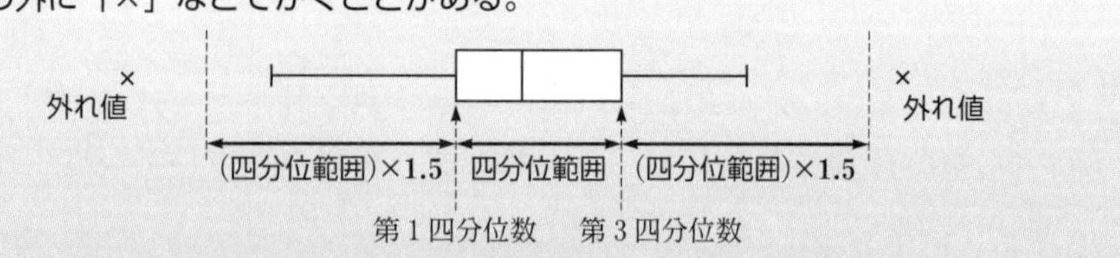

例 114 次のデータについて，外れ値があれば求めて，箱ひげ図をかけ。

10, 13, 20, 22, 25, 26, 28, 28, 30, 42, 50

解答 $Q_1=20$，$Q_2=26$，$Q_3=30$ より，
四分位範囲は $30-20=10$ である。

10 13 20 22 25 26 28 28 30 42 50
（20 ↑ Q_1，26 ↑ Q_2，30 ↑ Q_3）

$10\times1.5=15$　◀(四分位範囲)×1.5

であるから，箱の両端から15離れた値，
すなわち5から45に収まる変量の値は，外れ値ではない。　◀$Q_1-15=20-15=5$
$Q_3+15=30+15=45$
したがって，ここでの外れ値は**50**だけである。

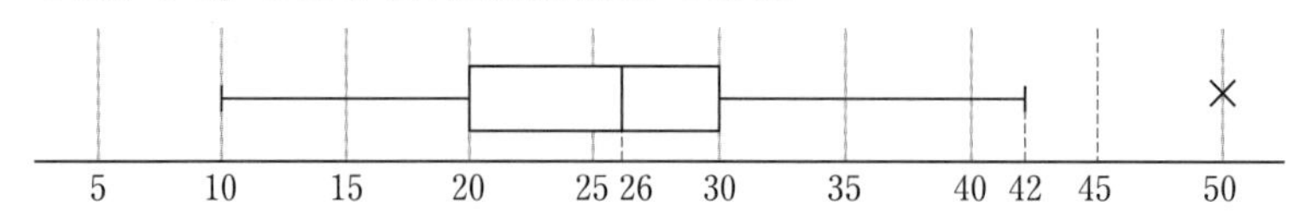

129a 基本 次のデータは，野球部の最近行った10試合の得点である。外れ値があれば求めて，箱ひげ図をかけ。

0, 1, 3, 3, 4, 4, 5, 5, 7, 11 (点)

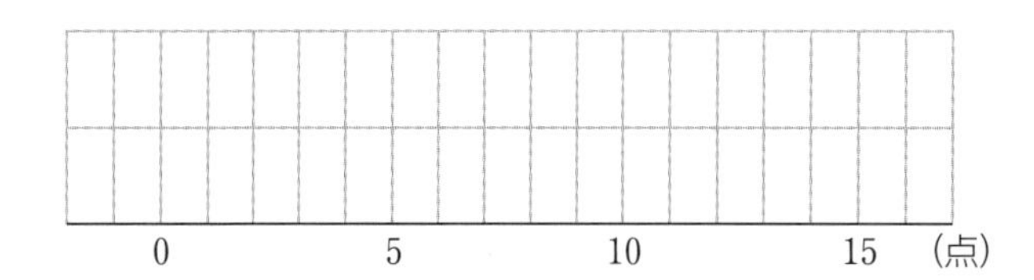

129b 基本 次のデータは，生徒11人が1年間に読んだ本の冊数である。外れ値があれば求めて，箱ひげ図をかけ。

0, 1, 7, 8, 8, 8, 9, 10, 11, 15, 20 (冊)

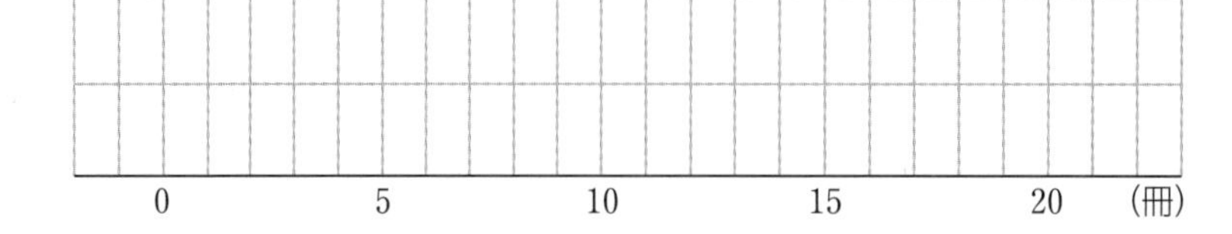

4 データの散らばりと標準偏差

KEY 102
分散，標準偏差

変量 x の n 個の値 x_1，x_2，……，x_n の平均値が $\overline{x}$ のとき，分散 s^2 と標準偏差 s は

$$分散=(偏差)^2 の平均値=\frac{(偏差)^2 の合計}{変量の値の個数}$$

$$s^2=\frac{(x_1-\overline{x})^2+(x_2-\overline{x})^2+\cdots\cdots+(x_n-\overline{x})^2}{n}$$

$$標準偏差=\sqrt{分散} \qquad s=\sqrt{\frac{(x_1-\overline{x})^2+(x_2-\overline{x})^2+\cdots\cdots+(x_n-\overline{x})^2}{n}}$$

例 115 生徒6人の数学の小テストの得点は3，4，6，7，7，9点であった。得点 x の分散 s^2 と標準偏差 s を求めよ。

解答 平均値 $\overline{x}$ は　$\overline{x}=\frac{3+4+6+7+7+9}{6}=\frac{36}{6}=6$（点）

であるから，各変量の偏差はそれぞれ，-3，-2，0，1，1，3である。

よって，分散 s^2 は　$s^2=\frac{(-3)^2+(-2)^2+0^2+1^2+1^2+3^2}{6}=\frac{24}{6}=\mathbf{4}$

したがって，標準偏差 s は　$s=\sqrt{4}=\mathbf{2}$（点）

◀標準偏差の単位は変量 x と同じ。

130a 基本 生徒6人の理科の小テストの得点は1，4，5，8，8，10点であった。得点 x の分散 s^2 と標準偏差 s を求めよ。

130b 基本 次のデータは，生徒6人のハンドボール投げの距離である。距離 x の分散 s^2 と標準偏差 s を，小数第2位を四捨五入して求めよ。必要であれば，巻末の数表を利用せよ。

23，29，25，26，19，28（m）

考えてみよう 13 例115の数学の小テストと130aの理科の小テストについて，得点の散らばり具合はどちらの小テストが小さいといえるか。標準偏差を用いて答えてみよう。

検印

5 データの相関

KEY 103 散布図，相関係数

変量 x, y のデータの値の組 $(x_1,\ y_1)$, $(x_2,\ y_2)$, ……, $(x_n,\ y_n)$ において，x, y の平均値をそれぞれ $\overline{x}$, $\overline{y}$ とし，x, y の標準偏差をそれぞれ s_x, s_y とする。

① 散布図

2 つの変量の値の組を座標平面上の点で表したもの。

② 共分散 s_{xy}

$$s_{xy}=\frac{(x_1-\overline{x})(y_1-\overline{y})+(x_2-\overline{x})(y_2-\overline{y})+\cdots\cdots+(x_n-\overline{x})(y_n-\overline{y})}{n}$$

③ 相関係数 r

$$r=\frac{x\text{と}y\text{の共分散}}{(x\text{の標準偏差})\times(y\text{の標準偏差})}=\frac{s_{xy}}{s_x s_y}$$

$-1\leqq r\leqq 1$

④ 相関係数と相関

r が 1 に近いほど正の相関が強い。

r が -1 に近いほど負の相関が強い。

r が 0 に近いほど相関が弱い。

相関のおよその目安

-1 〜 -0.6	強い負の相関
-0.6 〜 -0.2	弱い負の相関
-0.2 〜 0.2	相関がない
0.2 〜 0.6	弱い正の相関
0.6 〜 1	強い正の相関

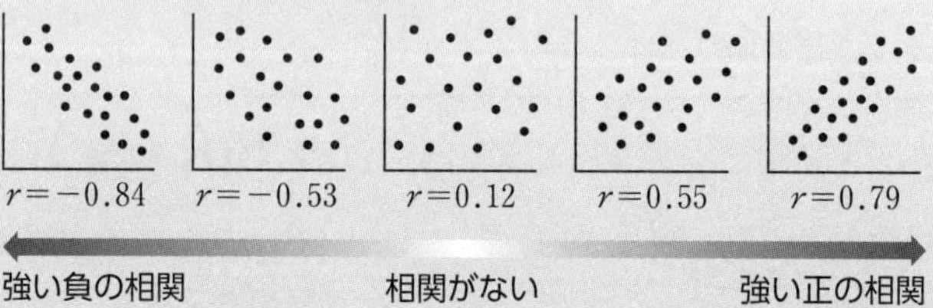

例 116 右の表は，生徒 5 人に小テストを 2 回行ったときの得点の結果である。

生徒	A	B	C	D	E
1 回目(点)	7	5	9	6	8
2 回目(点)	4	4	7	5	5

(1) 1 回目の得点 x を横軸，2 回目の得点 y を縦軸として，散布図をかけ。

(2) x と y の相関係数 r を，小数第 3 位を四捨五入して求めよ。

(3) x と y の間にはどのような相関があるといえるか。

解答

(1) 散布図は右の図のようになる。

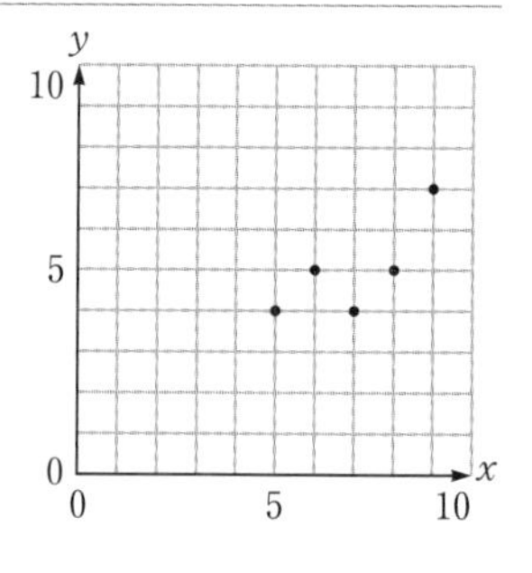

(2) 平均値 $\overline{x}=7$, $\overline{y}=5$ を求め，次のような表を作る。

生徒	x	y	$x-\overline{x}$	$y-\overline{y}$	$(x-\overline{x})^2$	$(y-\overline{y})^2$	$(x-\overline{x})(y-\overline{y})$
A	7	4	0	−1	0	1	0
B	5	4	−2	−1	4	1	2
C	9	7	2	2	4	4	4
D	6	5	−1	0	1	0	0
E	8	5	1	0	1	0	0
合計	35	25	0	0	10	6	6

表から，標準偏差 $s_x=\sqrt{\frac{10}{5}}$, $s_y=\sqrt{\frac{6}{5}}$, 共分散 $s_{xy}=\frac{6}{5}$

したがって $r=\frac{s_{xy}}{s_x s_y}=\frac{\frac{6}{5}}{\sqrt{\frac{10}{5}}\sqrt{\frac{6}{5}}}=\frac{6}{\sqrt{10}\sqrt{6}}=\frac{\sqrt{15}}{5}$

$=0.774\cdots$

◀分母を有理化する。巻末の平方根表から $\sqrt{15}=3.8730$

小数第 3 位を四捨五入して，相関係数は **0.77**

(3) (2)より，x と y の間には強い正の相関がある。

131a 標準 右の表は，生徒5人に小テストを2回行ったときの得点の結果から作成したものである。ただし，xは1回目の得点，yは2回目の得点である。

(1) 1回目の得点xを横軸，2回目の得点yを縦軸として，散布図をかけ。

(2) 右の表を完成し，xとyの相関係数rを求めよ。

生徒	x	y	$x-\overline{x}$	$y-\overline{y}$	$(x-\overline{x})^2$	$(y-\overline{y})^2$	$(x-\overline{x})(y-\overline{y})$
A	7	5					
B	4	7					
C	5	7					
D	9	5					
E	5	6					
合計							

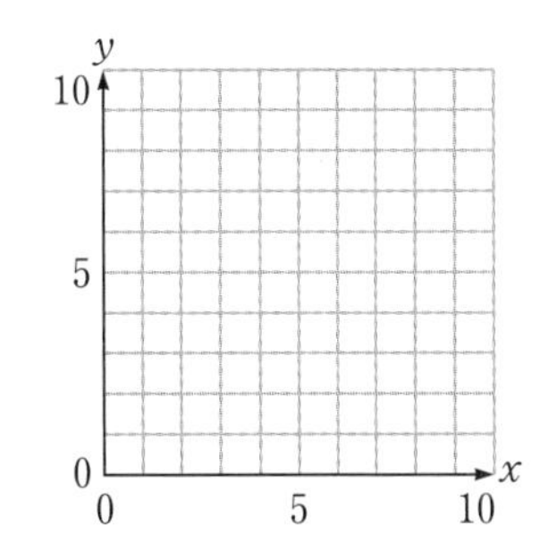

(3) xとyの間にはどのような相関があるといえるか。

131b 標準 右の表は，生徒6人に数学と英語の小テストを行ったときの得点の結果から作成したものである。ただし，xは数学の得点，yは英語の得点である。

(1) 数学の得点xを横軸，英語の得点yを縦軸として，散布図をかけ。

(2) 右の表を完成し，xとyの相関係数rを，小数第3位を四捨五入して求めよ。

生徒	x	y	$x-\overline{x}$	$y-\overline{y}$	$(x-\overline{x})^2$	$(y-\overline{y})^2$	$(x-\overline{x})(y-\overline{y})$
A	3	7					
B	7	5					
C	6	0					
D	2	3					
E	8	8					
F	10	7					
合計							

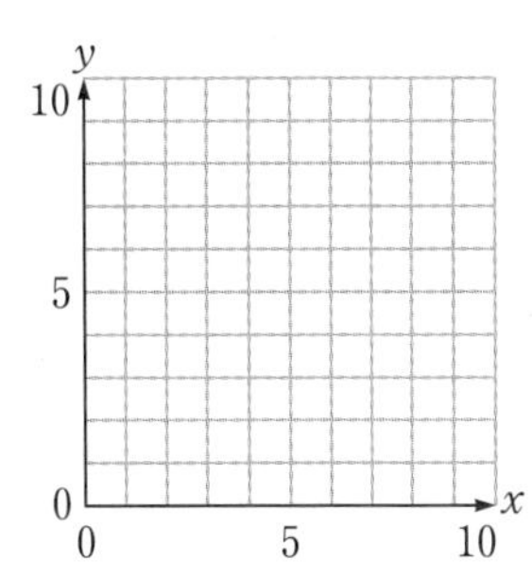

(3) xとyの間にはどのような相関があるといえるか。

検印

例題 26 仮平均

次の生徒10人の得点 x の平均値を，仮平均を利用して求めよ。

82, 75, 67, 77, 69, 80, 62, 64, 71, 74 （点）

【ガイド】 平均値を求めるために，一時的に定める基準の値を**仮平均**という。
仮平均を x_0 とすると，変量 x の n 個の値 x_1, x_2, ……, x_n の平均値 $\overline{x}$ は，次のようにして求められる。

$$\overline{x}=x_0+\frac{(x_1-x_0)+(x_2-x_0)+\cdots\cdots+(x_n-x_0)}{n}$$

◀平均値＝仮平均＋$\dfrac{(\text{変量の値}-\text{仮平均})\text{の合計}}{\text{変量の値の個数}}$

解答 仮平均を $x_0=70$（点）とすると，生徒10人の得点と仮平均との差は，それぞれ

◀仮平均の値には，計算が簡単になるような値をとるとよい。

12, 5, −3, 7, −1, 10, −8, −6, 1, 4

となる。

◀82−70＝12, 75−70＝5, 67−70＝−3, ……

したがって，x の平均値 $\overline{x}$ は

$$\overline{x}=70+\frac{12+5+(-3)+7+(-1)+10+(-8)+(-6)+1+4}{10}$$

◀差の平均を仮平均に加える。

$$=70+\frac{21}{10}=\mathbf{72.1}\ (\text{点})$$

練習 26

仮平均を利用して，次のデータの平均値を求めよ。

(1) 生徒5人の身長 x

176, 163, 182, 171, 179 （cm）

(2) ある商品の10日間の販売個数 x

104, 95, 97, 100, 95, 106, 102, 99, 100, 97 （個）

検印

例題 27　分散と平均値の関係式

変量 x の分散は，(分散)＝(x^2 の平均値)−(x の平均値)^2 でも求めることができる。この式を利用して，次のデータの分散 s^2 と標準偏差 s を求めよ。

2，4，5，6，8

【ガイド】 変量 x が n 個の値 x_1，x_2，……，x_n をとるとき，分散 s^2 は次のように変形できる。

$$s^2=\frac{(x_1-\overline{x})^2+(x_2-\overline{x})^2+\cdots\cdots+(x_n-\overline{x})^2}{n}$$

$$=\frac{(x_1{}^2+x_2{}^2+\cdots\cdots+x_n{}^2)-2\overline{x}(x_1+x_2+\cdots\cdots+x_n)+n\cdot(\overline{x})^2}{n}$$

$$=\frac{x_1{}^2+x_2{}^2+\cdots\cdots+x_n{}^2}{n}-2\overline{x}\cdot\frac{x_1+x_2+\cdots\cdots+x_n}{n}+(\overline{x})^2$$

$$=\overline{x^2}-2(\overline{x})^2+(\overline{x})^2$$　◀x^2 の平均値を $\overline{x^2}$ で表す。

$$=\overline{x^2}-(\overline{x})^2$$

よって，変量 x の分散は，次の式でも求めることができる。

(分散)＝(x^2 の平均値)−(x の平均値)^2　◀$s^2=\overline{x^2}-(\overline{x})^2$

解答　x の平均値は　$\dfrac{2+4+5+6+8}{5}=\dfrac{25}{5}=5$

x^2 の平均値は　$\dfrac{2^2+4^2+5^2+6^2+8^2}{5}=\dfrac{145}{5}=29$

よって，分散は　$s^2=29-5^2=4$　　したがって，標準偏差は　$s=\sqrt{4}=2$

練習 27

変量 x の分散を求める式 (分散)＝(x^2 の平均値)−(x の平均値)^2 を利用して，次のデータの分散 s^2 と標準偏差 s を求めよ。

(1)　1，2，2，4，5，10

(2)　3，4，5，6，7，8，9

5章　データの分析

検印

解答

1章 数と式

1 節‖ 式の展開と因数分解

1a (1) 次数は 4，係数は 7

(2) 次数は 3，係数は $-\frac{4}{3}$

(3) 次数は 5，係数は 6

1b (1) 次数は 6，係数は -5

(2) 次数は 1，係数は $\frac{5}{2}$

(3) 次数は 7，係数は $-\frac{3}{4}$

2a (1) 次数は 1，係数は $-7x$

(2) 次数は 3，係数は $6a^2y$

2b (1) 次数は 2，係数は $11y^3$

(2) 次数は 4，係数は $\frac{1}{3}xy^2$

考えてみよう 1

$5a^3xy^2$ は[x]に着目すると，次数は [1]，係数は [$5a^3y^2$]

または

$5a^3xy^2$ は[y]に着目すると，次数は [2]，係数は [$5a^3x$]

3a (1) $3x^2+3x-5$ (2) $-2x^2-1$

3b (1) x^2-3x-4 (2) $3x^2+5x+8$

4a (1) 次数は 1，定数項は $-7y^2-4y+1$

(2) 次数は 2，定数項は $3x+1$

4b (1) 次数は 2，定数項は $2y^2+3y-4$

(2) 次数は 2，定数項は x^2+x-4

5a (1) $A+B=6x^2+14x+5$

$A-B=2x^2+4x+3$

(2) $A+B=2x^2+2x+7$

$A-B=4x^2-4x+11$

5b (1) $A+B=6x^2-2x-9$

$A-B=-2x^2+12x+7$

(2) $A+B=-3x^2+2x+7$

$A-B=9x^2-2x+17$

6a $A+3B=7x^2+6x+3$，$2A-B=5x+13$

6b $2A+3B=3x^2-8x-8$，$3A-2B=11x^2+x+14$

7a $-x^2-3x-1$

7b $5x^2-13x+11$

8a (1) a^9 (2) a^{10} (3) a^3b^3

8b (1) x^6 (2) x^{12} (3) x^6y^6

9a (1) $12x^5$ (2) $4x^8$ (3) $-10a^5b^3$

9b (1) $-15x^8$ (2) $-a^6b^9$ (3) $8x^7y^2$

10a (1) $6x^3-15x^2+12x$

(2) $-4x^3+28x^2-12x$

10b (1) $-2x^3-6x^2+10x$

(2) $4x^4y+2x^3y^2+14x^2y^3$

11a (1) $3x^3-14x^2+16x-3$

(2) $2x^3-5x^2+9x+6$

11b (1) $6x^3-11x^2-11x+21$

(2) $4x^3+10x^2y-5xy^2+3y^3$

12a (1) $x^2+8x+16$ (2) $4x^2-4x+1$

(3) $x^2-10xy+25y^2$

12b (1) $a^2-12a+36$ (2) $9x^2+12x+4$

(3) $9x^2+24xy+16y^2$

13a (1) x^2-9 (2) $49x^2-1$ (3) $4x^2-9y^2$

13b (1) a^2-16 (2) $9x^2-25$ (3) $-9x^2+16y^2$

14a (1) $x^2+7x+10$ (2) $x^2+2x-15$

(3) x^2-5x+4 (4) $x^2-6xy-27y^2$

(5) $x^2-9xy+20y^2$

14b (1) a^2-a-42 (2) $x^2-10x+24$

(3) x^2+2x-3 (4) $x^2+9xy+18y^2$

(5) $a^2+5ab-14b^2$

15a (1) $6x^2+17x+5$ (2) $5x^2+14x-3$

(3) $14x^2-29x-15$ (4) $4x^2-19xy+12y^2$

(5) $6a^2+19ab-7b^2$

15b (1) $30x^2-17x+2$ (2) $3a^2-4a-32$

(3) $8x^2-2x-15$ (4) $15x^2+13xy+2y^2$

(5) $-6x^2+7xy+3y^2$

16a (1) $2b(a+3c-2ac)$ (2) $5x^2y(x+2y)$

(3) $x(3x-1)$ (4) $ab(2a-b+3)$

(5) $(a+1)(x-y)$

16b (1) $y(5x-3z+1)$ (2) $6ab^3(2a-3b)$

(3) $2a^3(2a+1)$ (4) $2xy(2x-3+y^2)$

(5) $(a-b)(x+1)$

17a (1) $(x+5)^2$ (2) $(2x-1)^2$

(3) $(3x+2)^2$ (4) $(x-6y)^2$

(5) $(3x+y)^2$

17b (1) $(x-7)^2$ (2) $(4x+1)^2$

(3) $(5x+3)^2$ (4) $(x+8y)^2$

(5) $(2x-7y)^2$

18a (1) $(x+8)(x-8)$ (2) $(2x+1)(2x-1)$

(3) $(3x+2)(3x-2)$ (4) $(x+4y)(x-4y)$

(5) $(2x+9y)(2x-9y)$

18b (1) $(x+7)(x-7)$ (2) $(x+1)(x-1)$

(3) $(5x+4)(5x-4)$ (4) $(3x+5y)(3x-5y)$

(5) $(xy+2)(xy-2)$

19a (1) $(x+3)(x+5)$ (2) $(a-1)(a-5)$

(3) $(x+6)(x-2)$ (4) $(x+y)(x+8y)$

(5) $(x+9y)(x-2y)$

19b (1) $(a+1)(a+9)$ (2) $(x-2)(x-10)$
(3) $(x+2)(x-12)$ (4) $(x-y)(x-4y)$
(5) $(a+2b)(a-8b)$

20a (1) $(x+1)(2x+1)$ (2) $(x-2)(3x-1)$
(3) $(2a+3)(3a-1)$ (4) $(x-2)(4x+3)$

20b (1) $(x-2)(2x-1)$ (2) $(x-3)(3x+1)$
(3) $(a-1)(5a+4)$ (4) $(2x-1)(3x+8)$

21a (1) $(x-y)(5x-3y)$ (2) $(x-2y)(4x+3y)$

21b (1) $(x+3y)(5x+2y)$ (2) $(2a+5b)(3a-2b)$

22a (1) $(x-2)(3x+1)$ (2) $(3x+4)(3x-4)$
(3) $(x+4)(x-9)$ (4) $(2x+3)^2$
(5) $(x+2)(6x-5)$ (6) $(x-3)(x-8)$

22b (1) $(4x-1)^2$ (2) $(x+3)(x-5)$
(3) $(x-1)(9x-1)$ (4) $(x+6)(2x+3)$
(5) $(5x+1)(5x-1)$ (6) $(2x+3)(4x-3)$

23a (1) $(x-4y)(2x+3y)$ (2) $(x+y)(x-y)$
(3) $(2x+5y)^2$ (4) $(x+6y)(x-2y)$
(5) $(x-2y)(3x+2y)$ (6) $(x+3y)(x-6y)$

23b (1) $(x-y)(x-7y)$ (2) $(x+y)(6x-5y)$
(3) $(4x+5y)(4x-5y)$ (4) $(x+y)(4x+3y)$
(5) $(4x-3y)^2$ (6) $(3x+2y)(3x-5y)$

24a (1) $a^2+6ab+9b^2+a+3b-2$
(2) x^2-y^2+6x+9

24b (1) $4a^2+4ab+b^2-c^2$
(2) x^2-y^2-2y-1

25a $a^2+4ab+4b^2+6a+12b+9$

25b $4x^2+y^2+z^2-4xy+2yz-4zx$

26a (1) $(a-2)(x-y)$ (2) $(x+2)(y+2)$

26b (1) $(x-1)(2a-b)$ (2) $(a+1)(x-4)$

27a (1) $(x+y+1)(x+y-4)$
(2) $(x-y+5)(x-y-5)$

27b (1) $(x-y-1)(2x-2y+3)$
(2) $(x+y+1)(x-y+1)$

28a (1) $(x-3)(x+y+3)$ (2) $(a+c)(a-b-c)$

28b (1) $(b-2)(ab+2)$
(2) $(a+b)(a+b+2c)$

29a (1) $(x+2y-3)(x+y-1)$
(2) $(x+y+2)(x+y-3)$

29b (1) $(x-3y-2)(x+y+1)$
(2) $(x+2y+1)(x-3y+2)$

30a $(x+2y+3)(2x+y-1)$

30b $(2x-y-4)(3x-2y+3)$

考えてみよう 2

$x^2+3xy+2y^2-x+y-6$
$=2y^2+(3x+1)y+(x+2)(x-3)$
$=\{y+(x+2)\}\{2y+(x-3)\}$
$=(x+y+2)(x+2y-3)$

31a (1) x^3+8 (2) x^3-64 (3) a^3-27b^3

31b (1) a^3+27 (2) $8x^3-1$ (3) $27x^3+y^3$

32a (1) $x^3-6x^2+12x-8$
(2) $8x^3+12x^2y+6xy^2+y^3$

32b (1) $27a^3+27a^2+9a+1$
(2) $27x^3-54x^2y+36xy^2-8y^3$

33a (1) $(x+1)(x^2-x+1)$
(2) $(x-2y)(x^2+2xy+4y^2)$

33b (1) $(4x+y)(16x^2-4xy+y^2)$
(2) $(2a-3)(4a^2+6a+9)$

練習 1 (1) a^4-1 (2) x^4-2x^2+1
(3) $x^8-2x^4y^4+y^8$

練習 2 (1) $x^4-2x^3-13x^2+14x+24$
(2) $x^4+6x^3+11x^2+6x$
(3) $x^4+12x^3+47x^2+72x+36$

練習 3 (1) $3x(x+1)(x-3)$
(2) $x(4x+3y)(4x-3y)$
(3) $(x^2+4)(x+2)(x-2)$
(4) $(x+1)(x-1)(2x+1)(2x-1)$

練習 4 (1) $(a+1)(b+1)(c+1)$
(2) $-(a-b)(b-c)(c-a)$

2 節 実数

34a (1) $\frac{1}{6}=0.1\dot{6}$ (2) $\frac{17}{33}=0.\dot{5}\dot{1}$
(3) $\frac{8}{27}=0.\dot{2}9\dot{6}$

34b (1) $\frac{8}{15}=0.5\dot{3}$ (2) $\frac{16}{11}=1.\dot{4}\dot{5}$
(3) $\frac{5}{111}=0.\dot{0}4\dot{5}$

35a (1) $0.\dot{7}=\frac{7}{9}$ (2) $0.\dot{4}\dot{5}=\frac{5}{11}$

35b (1) $1.\dot{3}=\frac{4}{3}$ (2) $0.\dot{1}0\dot{3}=\frac{103}{999}$

36a (1) 8 (2) $\sqrt{3}$
(3) 15 (4) $\sqrt{6}-2$

36b (1) 0.3 (2) $\frac{1}{7}$
(3) 5 (4) $4-\sqrt{15}$

37a (1) $\sqrt{10}$ と $-\sqrt{10}$ (2) 3
(3) -6 (4) 5 (5) 2

37b (1) 4 と -4 (2) 9
(3) 7 (4) 8 (5) 18

38a (1) $2\sqrt{7}$ (2) $3\sqrt{2}$ (3) $2\sqrt{6}$

38b (1) $6\sqrt{2}$ (2) $3\sqrt{35}$ (3) $2\sqrt{3}$

考えてみよう 3

141

39a (1) $-3\sqrt{3}$ (2) $6\sqrt{3}$
(3) $5\sqrt{3}-4\sqrt{2}$

39b (1) $7\sqrt{2}-3\sqrt{5}$ (2) $7\sqrt{2}$
(3) $5\sqrt{5}-5\sqrt{2}$

40a (1) $7\sqrt{3}+7\sqrt{2}$ (2) $8-9\sqrt{2}$

(3) $10+2\sqrt{21}$　(4) 6

40b (1) $\sqrt{2}$　(2) $-4+3\sqrt{6}$
(3) $8-4\sqrt{3}$　(4) 10

41a (1) $\dfrac{2\sqrt{5}}{5}$　(2) $\dfrac{\sqrt{6}}{3}$
(3) $\dfrac{\sqrt{5}}{2}$　(4) $\dfrac{\sqrt{6}-\sqrt{2}}{2}$

41b (1) $\dfrac{\sqrt{6}}{2}$　(2) $\dfrac{\sqrt{21}}{14}$
(3) $\sqrt{2}$　(4) $\dfrac{\sqrt{15}-\sqrt{6}}{3}$

考えてみよう 4

たとえば，$\sqrt{28}$ を掛けても分母を有理化できる。

$\dfrac{7}{\sqrt{28}}=\dfrac{7\times\sqrt{28}}{\sqrt{28}\times\sqrt{28}}=\dfrac{14\sqrt{7}}{28}=\dfrac{\sqrt{7}}{2}$

42a (1) $\dfrac{\sqrt{7}-\sqrt{3}}{4}$　(2) $\sqrt{3}+1$
(3) $2-\sqrt{3}$　(4) $13+2\sqrt{42}$

42b (1) $\dfrac{2(\sqrt{6}+\sqrt{3})}{3}$　(2) $-2\sqrt{3}+\sqrt{15}$
(3) $3+2\sqrt{2}$　(4) $2+\sqrt{3}$

43a (1) $\sqrt{2}+1$　(2) $\sqrt{5}-1$
(3) $\sqrt{6}+\sqrt{2}$　(4) $\dfrac{\sqrt{14}+\sqrt{2}}{2}$

43b (1) $\sqrt{3}-\sqrt{2}$　(2) $\sqrt{10}+1$
(3) $3-\sqrt{5}$　(4) $\dfrac{\sqrt{6}-\sqrt{2}}{2}$

練習 5 (1) $2\sqrt{3}$　(2) 1　(3) 10　(4) $18\sqrt{3}$

練習 6 (1) $a=4,\ b=\sqrt{19}-4$
(2) $a=6,\ b=3\sqrt{5}-6$

考えてみよう 5

$b^2+6b=4$

3 節 1 次不等式

44a (1) $4x-6\leqq16$　(2) $x-5<\dfrac{1}{2}x$

44b (1) $4a+3b\geqq600$　(2) $4x+3>7x-4$

45a (1)

0　1　3　x

(2)

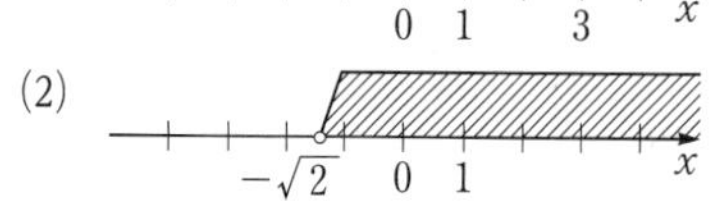

45b (1)

0　1　2.5　x

(2)

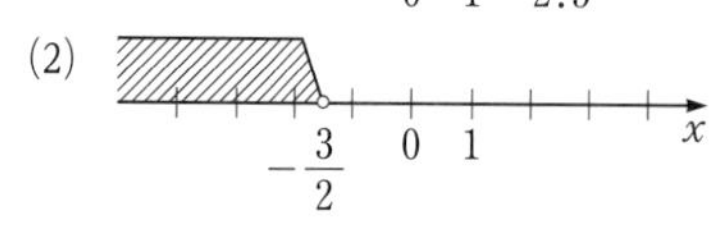

46a (1) $<$　(2) $>$　(3) $<$

46b (1) $\geqq$　(2) $\geqq$　(3) $\leqq$

47a (1) $x\geqq5$　(2) $x\leqq2$　(3) $x>-3$

47b (1) $x<-3$　(2) $x>-\dfrac{1}{2}$　(3) $x\leqq6$

48a (1) $x\geqq-2$　(2) $x<1$　(3) $x>4$
(4) $x\leqq-6$　(5) $x>\dfrac{1}{2}$

48b (1) $x>-2$　(2) $x\leqq-2$　(3) $x\geqq\dfrac{2}{3}$
(4) $x<-5$　(5) $x\geqq1$

49a (1) $x>5$　(2) $x\geqq3$
(3) $x<-2$　(4) $x\geqq8$

49b (1) $x\leqq4$　(2) $x<3$
(3) $x\geqq-8$　(4) $x<10$

50a (1) $x\leqq-3$　(2) $x<10$　(3) $x>1$

50b (1) $x<\dfrac{15}{7}$　(2) $x<-2$　(3) $x<-\dfrac{1}{9}$

51a 3

51b 少なくとも23個入れる必要がある。

52a (1) $1<x<3$　(2) $x\geqq-\dfrac{1}{2}$

52b (1) $x\leqq-2$　(2) $2<x\leqq3$

考えてみよう 6

$x=1$

53a (1) $-2<x<4$　(2) $x>2$

53b (1) $\dfrac{11}{2}<x<8$　(2) $x\leqq\dfrac{4}{3}$

練習 7 (1) $x=\pm7$　(2) $-1\leqq x\leqq1$
(3) $x<-3,\ 3<x$　(4) $x=-4,\ -6$
(5) $-1<x<7$　(6) $x<-1,\ 3<x$

練習 8 (1) $x=-2$　(2) $x=2$

2章　2次関数

1 節 2次関数とそのグラフ

54a $y=42-7x$　定義域は　$0\leqq x\leqq6$

54b $y=18-2x$　定義域は　$0\leqq x\leqq9$

55a $f(3)=8,\ f(0)=-1,\ f(a-1)=a^2-2a$

55b $f(2)=-6,\ f(-2)=-2,\ f(2a)=-4a^2-2a$

56a 値域は　$-4\leqq y\leqq2$

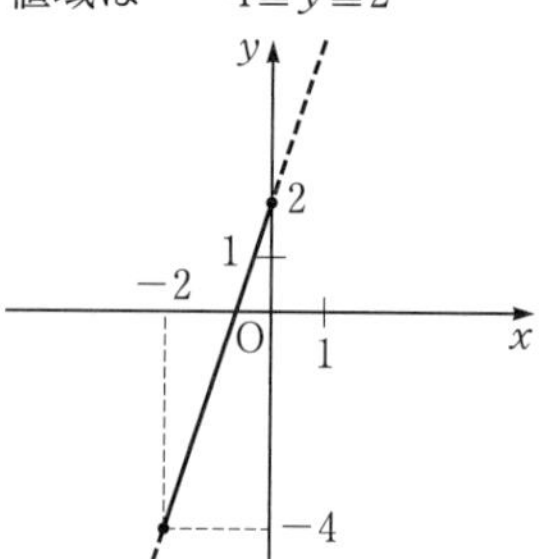

56b 値域は　$-2\leqq y\leqq1$

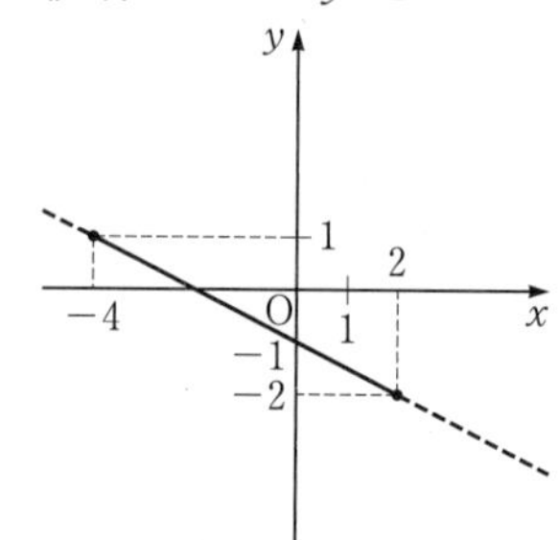

57a

x	$\cdots$	-3	-2	-1	0	1	2	3	$\cdots$
$2x^2$	$\cdots$	**18**	**8**	**2**	**0**	**2**	**8**	**18**	$\cdots$

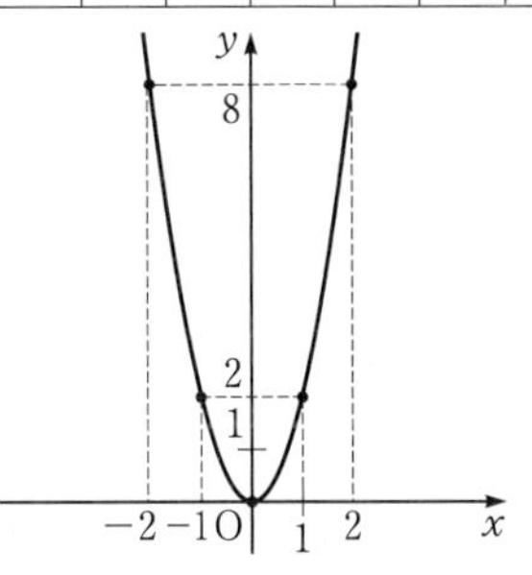

57b

x	$\cdots$	-3	-2	-1	0	1	2	3	$\cdots$
$-x^2$	$\cdots$	**−9**	**−4**	**−1**	**0**	**−1**	**−4**	**−9**	$\cdots$

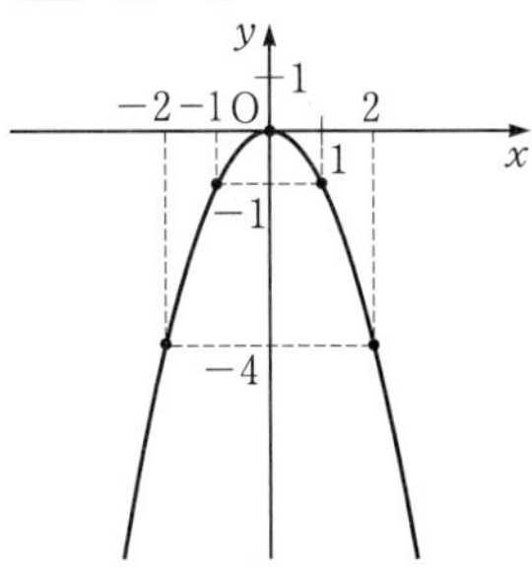

58a (1) 軸は y 軸，頂点は点(0, 1)

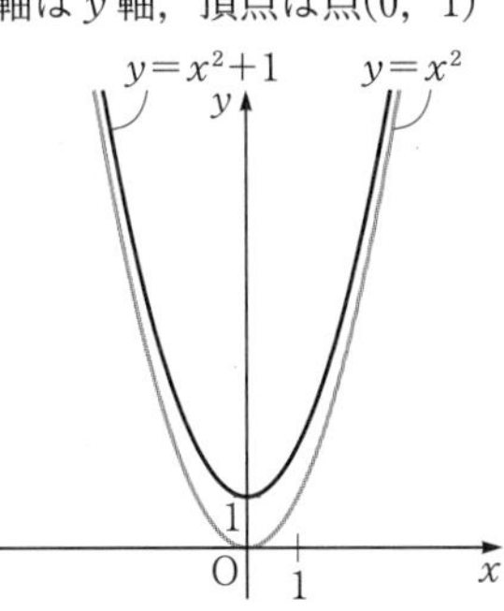

(2) 軸は y 軸，頂点は点(0, −2)

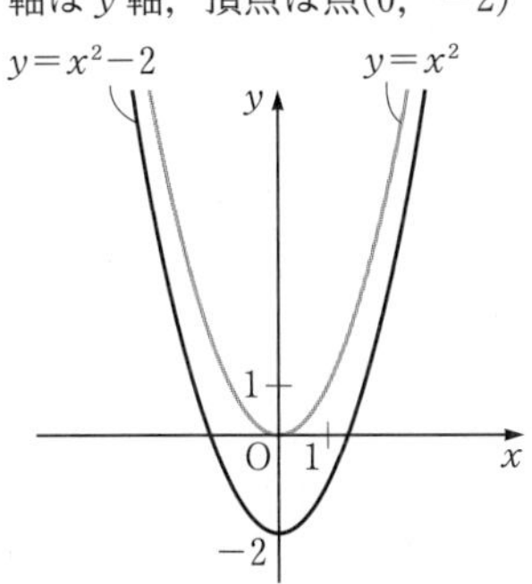

58b (1) 軸は y 軸，頂点は点(0, 3)

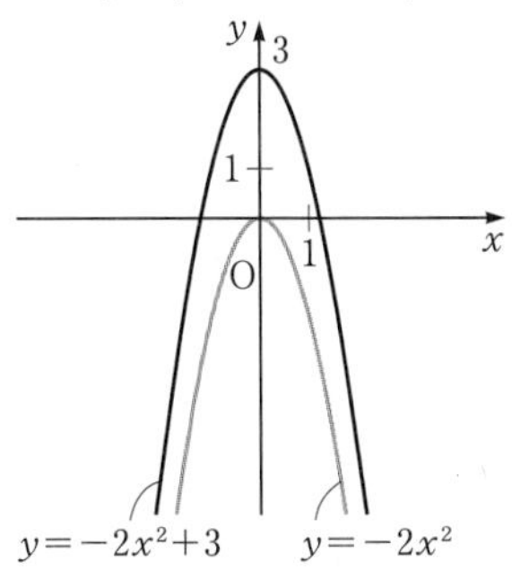

(2) 軸は y 軸，頂点は点(0, −1)

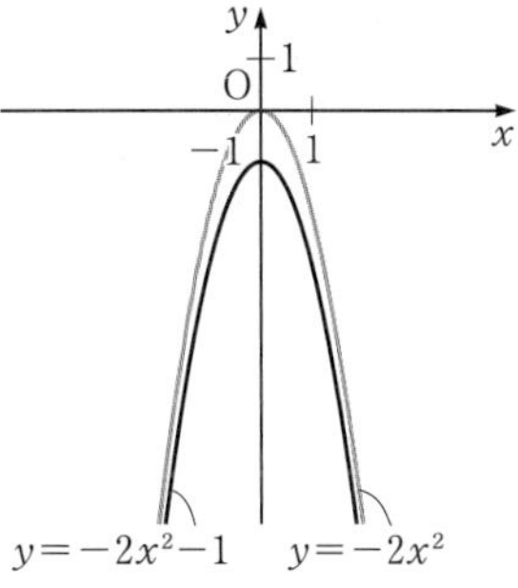

59a (1) 軸は直線 $x=2$，頂点は点(2, 0)

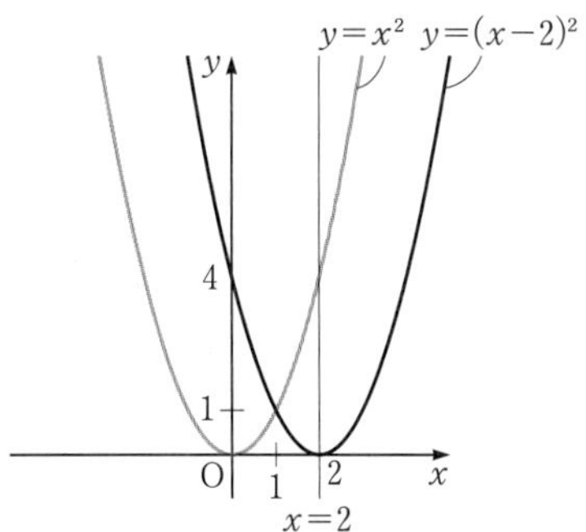

(2) 軸は直線 $x=-1$，頂点は点(−1, 0)

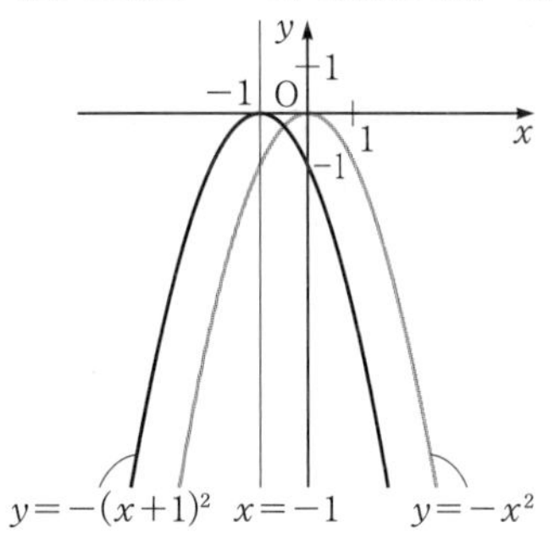

59b (1) 軸は直線 $x=-3$，頂点は点(−3, 0)

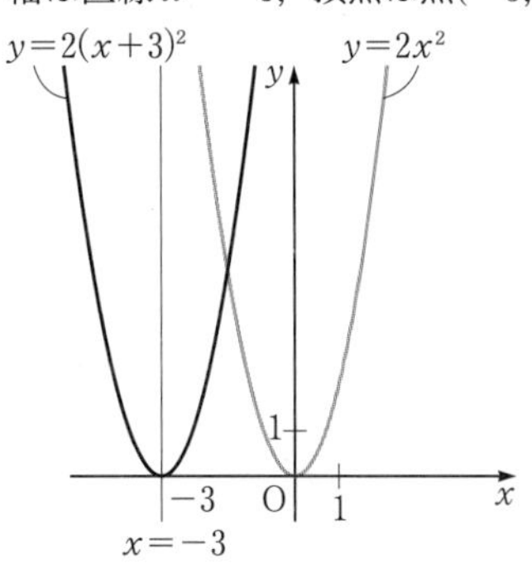

(2) 軸は直線 $x=2$，頂点は点(2, 0)

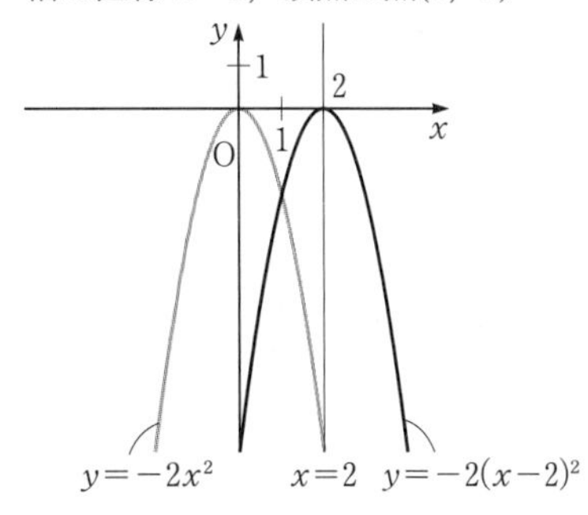

60a (1) 軸は直線 $x=2$，頂点は点$(2,\ 1)$

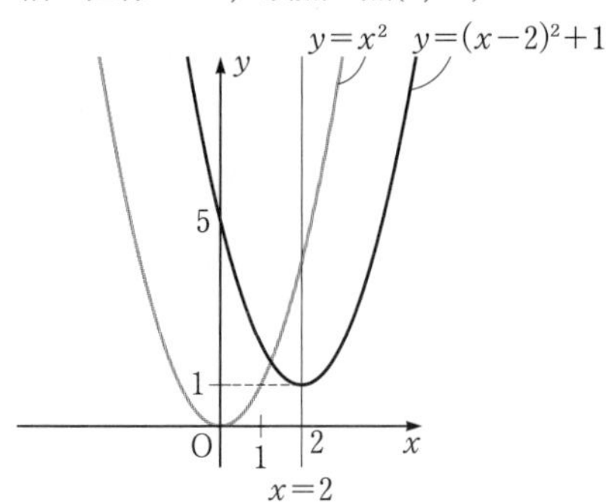

(2) 軸は直線 $x=-2$，頂点は点$(-2,\ 3)$

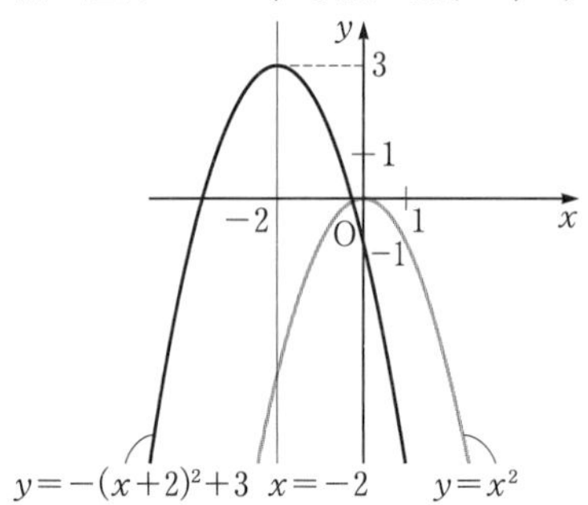

60b (1) 軸は直線 $x=-1$，頂点は点$(-1,\ -4)$

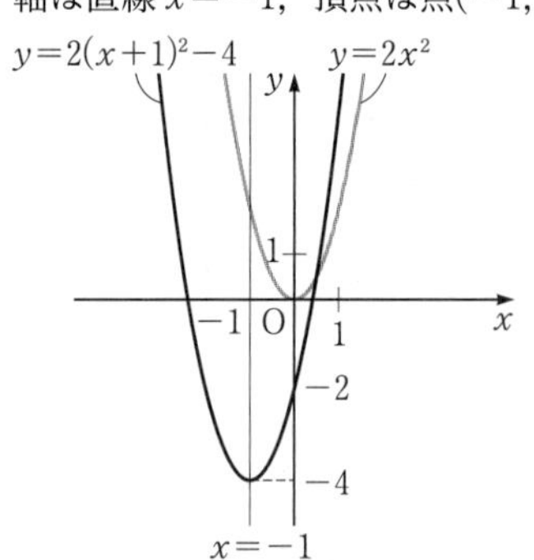

(2) 軸は直線 $x=1$，頂点は点$(1,\ -1)$

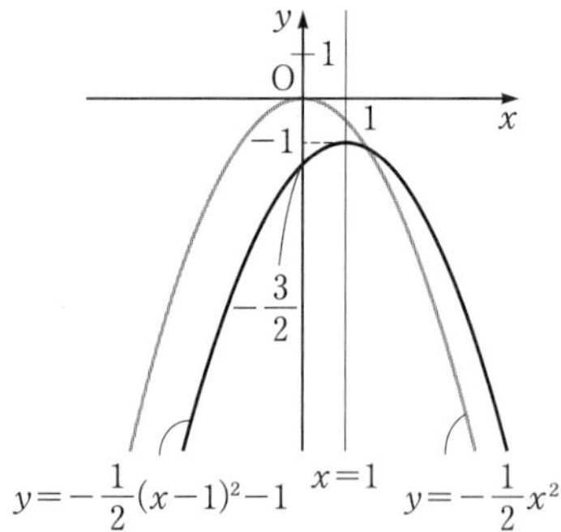

61a (1) $y=3x^2+1$ (2) $y=3(x+4)^2$

(3) $y=3(x-1)^2+4$ (4) $y=3(x+3)^2+2$

61b (1) $y=-2x^2+5$ (2) $y=-2(x+1)^2$

(3) $y=-2(x-2)^2-3$

(4) $y=-2(x+4)^2-1$

62a (1) $y=(x+1)^2-1$ (2) $y=(x+2)^2+1$

(3) $y=\left(x+\dfrac{3}{2}\right)^2-\dfrac{9}{4}$

(4) $y=\left(x+\dfrac{1}{2}\right)^2-\dfrac{9}{4}$

62b (1) $y=(x-3)^2-7$ (2) $y=(x-4)^2-17$

(3) $y=\left(x-\dfrac{1}{2}\right)^2+\dfrac{19}{4}$

(4) $y=\left(x+\dfrac{5}{2}\right)^2-\dfrac{37}{4}$

63a (1) $y=2(x-1)^2-2$ (2) $y=4(x+2)^2-13$

(3) $y=-(x-3)^2+8$

(4) $y=-\left(x+\dfrac{1}{2}\right)^2+\dfrac{13}{4}$

63b (1) $y=3(x-1)^2-5$ (2) $y=2(x+1)^2-3$

(3) $y=-2(x+2)^2+5$

(4) $y=\dfrac{1}{2}(x-1)^2-\dfrac{1}{2}$

64a (1) 軸は直線 $x=1$，頂点は点$(1,\ -4)$

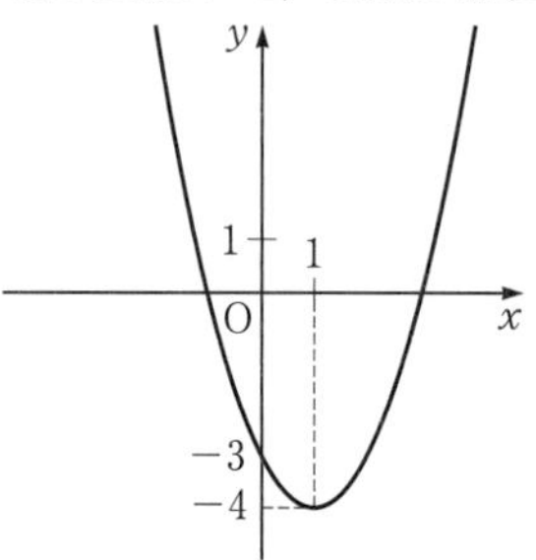

(2) 軸は直線 $x=3$，頂点は点$(3,\ 4)$

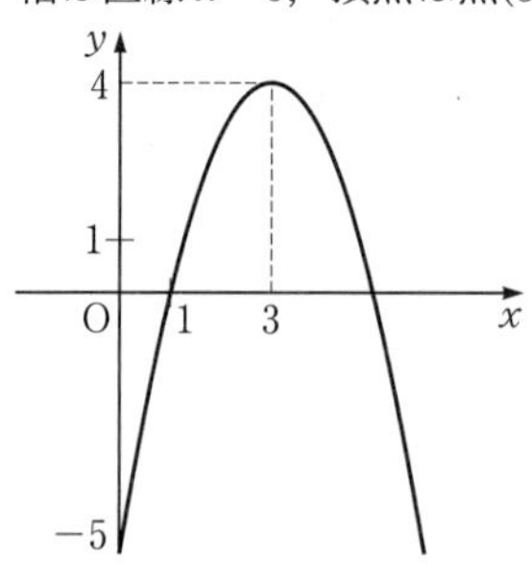

64b (1) 軸は直線 $x=-1$，頂点は点$(-1,\ -1)$

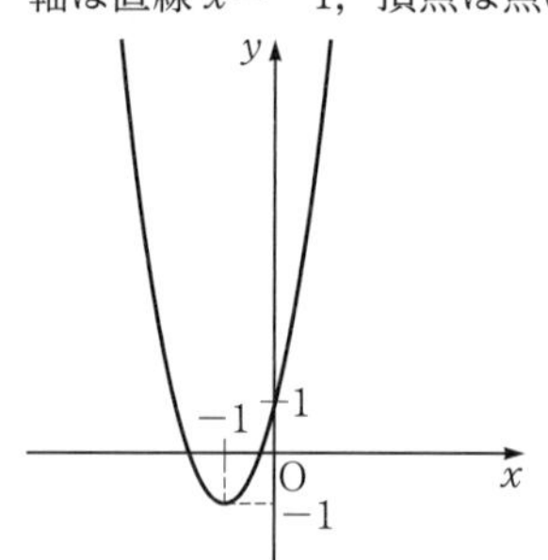

(2) 軸は直線 $x=2$，頂点は点$(2,\ 5)$

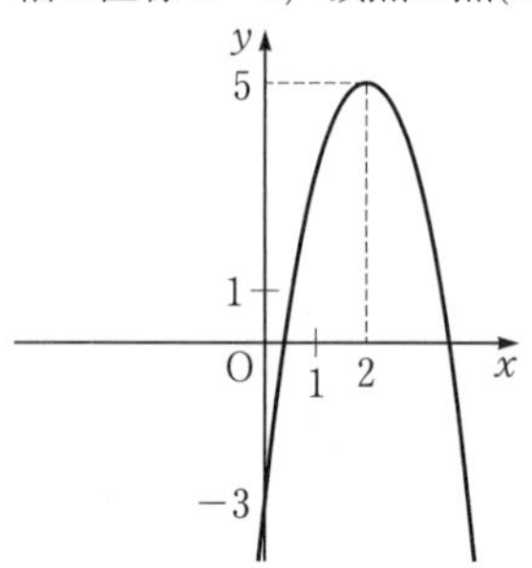

65a $y=x^2+4x-1$

65b $y=-x^2-6x-10$

考えてみよう 7

$y=ax^2+bx+c=a\left(x^2+\frac{b}{a}x\right)+c$

$=a\left\{\left(x+\frac{b}{\boxed{2a}}\right)^2-\left(\frac{b}{\boxed{2a}}\right)^2\right\}+c$

$=a\left(x+\frac{b}{\boxed{2a}}\right)^2-\frac{b^2}{\boxed{4a}}+c$

$=a\left(x+\frac{b}{\boxed{2a}}\right)^2-\frac{\boxed{b^2-4ac}}{\boxed{4a}}$

これより，2次関数 $y=ax^2+bx+c$ のグラフは，

$y=ax^2$ のグラフを平行移動した放物線で，

軸は直線 $x=\boxed{-\frac{b}{2a}}$，

頂点は点$\left(\boxed{-\frac{b}{2a}},\ \boxed{-\frac{b^2-4ac}{4a}}\right)$

である。

66a (1) $x=3$ で最小値 5 をとり，最大値はない。
(2) $x=-1$ で最小値 -6 をとり，最大値はない。
(3) $x=-2$ で最大値 5 をとり，最小値はない。

66b (1) $x=1$ で最小値 -2 をとり，最大値はない。
(2) $x=-3$ で最大値 9 をとり，最小値はない。
(3) $x=\frac{3}{2}$ で最大値 $\frac{17}{4}$ をとり，最小値はない。

67a (1) $x=3$ で最大値 1，$x=1$ で最小値 -3
(2) $x=1$ で最大値 5，$x=-1$ で最小値 -3
(3) $x=2$ で最大値 3，$x=-1$ で最小値 -6

67b (1) $x=1$ で最大値 3，$x=-1$ で最小値 -5
(2) $x=1$ で最大値 2，$x=-1$ で最小値 -10
(3) $x=-2$，0 で最大値 -1，
$x=-1$ で最小値 -2

68a AP が 6 のとき，最小値は72

68b 縦 4 cm，横 4 cm のとき，最大値は $16\,\mathrm{cm}^2$

69a (1) $y=x^2-4x+5$ (2) $y=-x^2-4x-3$

69b (1) $y=4x^2-16x+13$ (2) $y=2x^2+4x-2$

70a (1) $y=2x^2-8x+5$ (2) $y=\frac{1}{2}x^2-3$

70b (1) $y=-2x^2-4x+7$ (2) $y=x^2-x+1$

71a $y=-x^2-x+2$

71b $y=2x^2-x-1$

練習 9 (1) $y=-x^2+6$ (2) $y=-x^2-8x-14$

練習10 (1) $y=2x^2-4x-1$
(2) $y=-2x^2-4x+1$
(3) $y=2x^2+4x-1$

練習11 (1) $a=-1$，$b=0$，$c=5$
(2) $y=x^2+3x-5$

練習12 (1) $y=-2x^2-12x-11$
(2) $y=2x^2-4x-1$

練習13 (1) $x=a$ で最大値 $-a^2+6a-5$ をとる。
(2) $x=3$ で最大値 4 をとる。

練習14 (1) $x=0$ で最小値 1 をとる。
(2) $x=2a$ で最小値 $-4a^2+1$ をとる。
(3) $x=2$ で最小値 $-8a+5$ をとる。

2 節 ‖ 2次方程式・2次不等式

72a (1) $x=1,\ 4$ (2) $x=-5,\ 5$
(3) $x=-1,\ -\frac{1}{2}$ (4) $x=3,\ \frac{1}{2}$
(5) $x=-3,\ \frac{2}{3}$

72b (1) $x=0,\ \frac{3}{2}$ (2) $x=-1,\ 6$
(3) $x=\frac{1}{2}$ (4) $x=2,\ -\frac{1}{2}$
(5) $x=\frac{3}{2},\ \frac{2}{3}$

73a (1) $x=\frac{-5\pm\sqrt{17}}{2}$ (2) $x=\frac{3\pm\sqrt{33}}{4}$
(3) $x=3\pm\sqrt{3}$

73b (1) $x=\frac{1\pm\sqrt{33}}{4}$ (2) $x=-2\pm\sqrt{11}$
(3) $x=\frac{-6\pm\sqrt{6}}{5}$

考えてみよう 8

$x^2+2\cdot(-2)x-6=0$ であるから

$x=\frac{-(-2)\pm\sqrt{(-2)^2-1\cdot(-6)}}{1}=2\pm\sqrt{10}$

74a (1) 2個 (2) 0個 (3) 1個

74b (1) 2個 (2) 1個 (3) 0個

考えてみよう 9

$4x^2-12x+9=0$ の判別式を D とする。

$4x^2+2\cdot(-6)x+9=0$ であるから

$\frac{D}{4}=(-6)^2-4\cdot9=36-36=0$

よって，実数解の個数は 1 個

75a (1) $m\geqq-2$ (2) $m=-2$ (3) $m<-2$

75b (1) $m\geqq\frac{2}{3}$ (2) $m=\frac{2}{3}$ (3) $m<\frac{2}{3}$

考えてみよう 10

$x=-3$

76a (1) $x=-3,\ 2$ (2) $x=-1$
(3) $x=\frac{-5\pm\sqrt{5}}{2}$

76b (1) $x=-2,\ 1$ (2) $x=1$
(3) $x=\frac{2\pm\sqrt{2}}{2}$

77a (1) 0個 (2) 2個

77b (1) 1個 (2) 0個

78a (1) $m<2$ (2) $m=2$ (3) $m>2$

78b (1) $m>-\frac{5}{4}$ (2) $m=-\frac{5}{4}$

(3) $m<-\frac{5}{4}$

79a (1) $x<-7,\ 2<x$ (2) $1\leqq x\leqq 2$

(3) $-3<x<3$ (4) $x<-\frac{1}{2},\ 3<x$

79b (1) $-4<x<3$ (2) $x\leqq -4,\ -2\leqq x$

(3) $x<-9,\ 0<x$ (4) $\frac{1}{2}\leqq x\leqq \frac{2}{3}$

80a (1) $\frac{-5-\sqrt{13}}{2}<x<\frac{-5+\sqrt{13}}{2}$

(2) $x\leqq \frac{1-\sqrt{13}}{6},\ \frac{1+\sqrt{13}}{6}\leqq x$

(3) $-1-\sqrt{2}<x<-1+\sqrt{2}$

80b (1) $x<\frac{1-\sqrt{13}}{2},\ \frac{1+\sqrt{13}}{2}<x$

(2) $x\leqq \frac{-7-\sqrt{17}}{4},\ \frac{-7+\sqrt{17}}{4}\leqq x$

(3) $\frac{1-\sqrt{5}}{4}<x<\frac{1+\sqrt{5}}{4}$

81a (1) $x\leqq -1,\ 4\leqq x$ (2) $-\frac{3}{2}<x<\frac{2}{3}$

(3) $x<\frac{3-\sqrt{17}}{2},\ \frac{3+\sqrt{17}}{2}<x$

81b (1) $-1\leqq x\leqq 1$ (2) $x\leqq -1,\ \frac{5}{2}\leqq x$

(3) $-2-\sqrt{5}<x<-2+\sqrt{5}$

82a (1) 2 以外のすべての実数

(2) すべての実数

(3) 解はない

(4) $x=2$

82b (1) -1 以外のすべての実数

(2) 解はない

(3) すべての実数

(4) $x=-1$

83a (1) すべての実数 (2) 解はない

(3) すべての実数 (4) 解はない

83b (1) 解はない (2) すべての実数

(3) すべての実数 (4) 解はない

84a (1) $x<-2,\ \frac{3}{4}<x$ (2) すべての実数

(3) $-3<x<1$

84b (1) $\frac{5-\sqrt{13}}{6}\leqq x\leqq \frac{5+\sqrt{13}}{6}$

(2) 解はない

(3) $x<-2-\sqrt{5},\ -2+\sqrt{5}<x$

練習15 (1) $2<x\leqq 3$

(2) $-2<x<-1,\ 4<x<6$

練習16 8 cm 以上 9 cm 未満

練習17 (1) $a>0,\ b>0,\ c>0,\ b^2-4ac>0,$ $a+b+c>0$

(2) $a<0,\ b>0,\ c<0,\ b^2-4ac<0,$ $a+b+c<0$

練習18 (1) $-3<m<2$ (2) $0<m<4$

練習19 $-12<m<-3$

練習20 (1) $(-1,\ -4),\ (2,\ 5)$ (2) $(1,\ 2)$

3章　図形と計量

1 節‖ 三角比

85a (1) $\sin A=\frac{5}{13},\ \cos A=\frac{12}{13},\ \tan A=\frac{5}{12}$

(2) $\sin A=\frac{3}{5},\ \cos A=\frac{4}{5},\ \tan A=\frac{3}{4}$

85b (1) $\sin A=\frac{\sqrt{11}}{6}, \cos A=\frac{5}{6}, \tan A=\frac{\sqrt{11}}{5}$

(2) $\sin A=\frac{\sqrt{6}}{3}, \cos A=\frac{\sqrt{3}}{3}, \tan A=\sqrt{2}$

86a (1) $\sin A=\frac{3}{7}, \cos A=\frac{2\sqrt{10}}{7}, \tan A=\frac{3}{2\sqrt{10}}$

(2) $\sin A=\frac{\sqrt{3}}{2},\ \cos A=\frac{1}{2},\ \tan A=\sqrt{3}$

86b (1) $\sin A=\frac{3}{5},\ \cos A=\frac{4}{5},\ \tan A=\frac{3}{4}$

(2) $\sin A=\frac{2}{\sqrt{5}},\ \cos A=\frac{1}{\sqrt{5}},\ \tan A=2$

87a

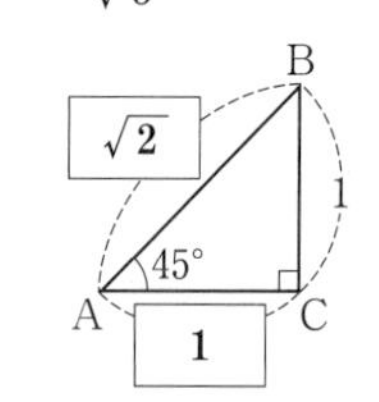

$\sin 30°=\frac{1}{2},\ \sin 60°=\frac{\sqrt{3}}{2},\ \sin 45°=\frac{1}{\sqrt{2}}$

87b

A	30°	45°	60°
$\sin A$	$\frac{1}{2}$	$\frac{1}{\sqrt{2}}$	$\frac{\sqrt{3}}{2}$
$\cos A$	$\frac{\sqrt{3}}{2}$	$\frac{1}{\sqrt{2}}$	$\frac{1}{2}$
$\tan A$	$\frac{1}{\sqrt{3}}$	1	$\sqrt{3}$

88a (1) 0.3420 (2) 0.7431 (3) 6.3138

88b (1) 0.9659 (2) 0.9903 (3) 0.6494

89a $A\fallingdotseq 26°$

89b $A\fallingdotseq 68°$

90a (1) $BC=3\sqrt{3},\ AC=3$

(2) $BC=5\sqrt{3},\ AC=5$

90b (1) $BC=2\sqrt{2},\ AC=2\sqrt{2}$

(2) $BC=\frac{3\sqrt{3}}{2},\ AC=\frac{3}{2}$

91a $BC=5$

91b $BC=3\sqrt{2}$

92a 30.8 m

92b BC は 41.6 m，AC は 195.6 m

93a 16.8 m

93b 38.4 m

94a $\cos A=\frac{\sqrt{5}}{3}$，$\tan A=\frac{2}{\sqrt{5}}$

94b $\sin A=\frac{2\sqrt{2}}{3}$，$\tan A=2\sqrt{2}$

95a $\sin A=\frac{1}{\sqrt{10}}$，$\cos A=\frac{3}{\sqrt{10}}$

95b $\sin A=\frac{2\sqrt{2}}{3}$，$\cos A=\frac{1}{3}$

96a (1) $\cos 29^\circ$　(2) $\sin 10^\circ$　(3) $\frac{1}{\tan 42^\circ}$

96b (1) $\cos 37^\circ$　(2) $\sin 11^\circ$　(3) $\frac{1}{\tan 4^\circ}$

97a

θ	0°	30°	45°	60°	90°
$\sin\theta$	0	$\frac{1}{2}$	$\frac{1}{\sqrt{2}}$	$\frac{\sqrt{3}}{2}$	1
$\cos\theta$	1	$\frac{\sqrt{3}}{2}$	$\frac{1}{\sqrt{2}}$	$\frac{1}{2}$	0
$\tan\theta$	0	$\frac{1}{\sqrt{3}}$	1	$\sqrt{3}$	

θ	120°	135°	150°	180°
$\sin\theta$	$\frac{\sqrt{3}}{2}$	$\frac{1}{\sqrt{2}}$	$\frac{1}{2}$	0
$\cos\theta$	$-\frac{1}{2}$	$-\frac{1}{\sqrt{2}}$	$-\frac{\sqrt{3}}{2}$	-1
$\tan\theta$	$-\sqrt{3}$	-1	$-\frac{1}{\sqrt{3}}$	0

97b

θ	0°	鋭角	90°	鈍角	180°
$\sin\theta$	0	＋	1	＋	0
$\cos\theta$	1	＋	0	－	-1
$\tan\theta$	0	＋		－	0

考えてみよう 11

(1) 鈍角　(2) 鋭角　(3) 鈍角

98a $\sin 162^\circ=0.3090$，$\cos 162^\circ=-0.9511$，$\tan 162^\circ=-0.3249$

98b $\sin 97^\circ=0.9925$，$\cos 97^\circ=-0.1219$，$\tan 97^\circ=-8.1443$

99a (1) $\cos\theta=-\frac{2\sqrt{2}}{3}$，$\tan\theta=-\frac{1}{2\sqrt{2}}$

(2) $\sin\theta=\frac{\sqrt{7}}{4}$，$\tan\theta=-\frac{\sqrt{7}}{3}$

(3) $\sin\theta=\frac{\sqrt{3}}{2}$，$\cos\theta=-\frac{1}{2}$

99b (1) $\cos\theta=-\frac{5}{13}$，$\tan\theta=-\frac{12}{5}$

(2) $\sin\theta=\frac{\sqrt{5}}{3}$，$\tan\theta=-\frac{\sqrt{5}}{2}$

(3) $\sin\theta=\frac{1}{\sqrt{5}}$，$\cos\theta=\frac{2}{\sqrt{5}}$

100a (1) $\theta=45^\circ$，135°　(2) $\theta=0^\circ$，180°

100b (1) $\theta=60^\circ$，120°　(2) $\theta=90^\circ$

101a (1) $\theta=45^\circ$　(2) $\theta=120^\circ$

101b (1) $\theta=30^\circ$　(2) $\theta=180^\circ$

102a (1) $\theta=30^\circ$　(2) $\theta=135^\circ$

102b (1) $\theta=60^\circ$　(2) $\theta=0^\circ$，180°

2 節 図形の計量

103a (1) $R=5$　(2) $R=1$

103b (1) $R=\sqrt{3}$　(2) $R=\sqrt{3}$

104a (1) $b=\sqrt{6}$　(2) $a=2\sqrt{6}$

104b (1) $c=10\sqrt{2}$　(2) $a=4\sqrt{2}$

105a (1) $A=45^\circ$　(2) $a=6\sqrt{2}$

105b (1) $C=60^\circ$　(2) $b=\sqrt{2}$

106a (1) $a=\sqrt{57}$　(2) $c=3\sqrt{7}$

106b (1) $b=\sqrt{7}$　(2) $a=\sqrt{17}$

107a (1) $B=60^\circ$　(2) $C=120^\circ$

107b (1) $A=135^\circ$　(2) $B=90^\circ$

108a (1) 3　(2) $\frac{5}{2}$　(3) $\frac{3}{2}$

108b (1) $\frac{63\sqrt{3}}{4}$　(2) 15　(3) $3\sqrt{2}$

109a (1) $\frac{1}{2}$　(2) $\frac{\sqrt{3}}{2}$　(3) $10\sqrt{3}$

109b (1) $-\frac{1}{4}$　(2) $\frac{\sqrt{15}}{4}$　(3) $3\sqrt{15}$

110a $a=2\sqrt{2}$，$B=30^\circ$，$C=105^\circ$

110b $b=\sqrt{6}$，$A=45^\circ$，$C=15^\circ$

111a 100 m

111b 4.9

練習21 $c=2$，$B=120^\circ$，$C=30^\circ$ または $c=4$，$B=60^\circ$，$C=90^\circ$

練習22 (1) $\frac{60}{17}$　(2) $\frac{12\sqrt{2}}{7}$

練習23 (1) $3\sqrt{7}$　(2) 9　(3) $\frac{45\sqrt{3}}{4}$

練習24 $\frac{\sqrt{17}}{2}$

練習25 (1) $\frac{15\sqrt{3}}{4}$　(2) $\frac{\sqrt{3}}{2}$

4章　集合と論理

1 節 集合と論理

112a (1) $A=\{1, 2, 4, 5, 10, 20\}$

(2) $B=\{7, 14, 21, 28\}$

112b (1) $A=\{1, 2, 3, 5, 6, 10, 15, 30\}$

(2) $B=\{-4, 4\}$

113a (1) $B\subset A$　(2) $A\subset B$

113b (1) $A\subset B$　(2) $B\subset A$

考えてみよう 12

$\varnothing$, $\{1\}$, $\{2\}$, $\{3\}$, $\{1,\ 2\}$, $\{1,\ 3\}$, $\{2,\ 3\}$, $\{1,\ 2,\ 3\}$

114a (1) $A\cap B=\{2,\ 6\}$
$A\cup B=\{1,\ 2,\ 3,\ 4,\ 6,\ 8\}$
(2) $A\cap B=\varnothing$
$A\cup B=\{1,\ 2,\ 3,\ 4,\ 6,\ 8,\ 9,\ 12,\ 15,\ 16\}$
(3) $A\cap B=\{1,\ 5\}$
$A\cup B=\{1,\ 2,\ 3,\ 4,\ 5,\ 10,\ 15,\ 20\}$

114b (1) $A\cap B=\{1,\ 5,\ 9,\ 13\}$
$A\cup B=\{1,\ 3,\ 5,\ 7,\ 9,\ 11,\ 13\}$
(2) $A\cap B=\varnothing$
$A\cup B=\{0,\ 1,\ 2,\ 3,\ 4,\ 6,\ 8,\ 10,\ 16\}$
(3) $A\cap B=\{2,\ 4,\ 6\}$
$A\cup B=\{1,\ 2,\ 3,\ 4,\ 6,\ 8,\ 12\}$

115a $\overline{A}=\{2,\ 4,\ 6,\ 8\}$

115b $\overline{A}=\{3,\ 6,\ 12,\ 24\}$

116a (1) $\overline{A}=\{1,\ 3,\ 5,\ 7,\ 9,\ 11,\ 13,\ 15\}$
(2) $\overline{B}=\{1,\ 2,\ 4,\ 5,\ 7,\ 8,\ 10,\ 11,\ 13,\ 14\}$
(3) $A\cup B=\{2, 3, 4, 6, 8, 9, 10, 12, 14, 15\}$
(4) $\overline{A\cup B}=\{1,\ 5,\ 7,\ 11,\ 13\}$

116b (1) $\overline{A}=\{5,\ 7,\ 8,\ 9,\ 10,\ 11\}$
(2) $\overline{B}=\{1,\ 2,\ 4,\ 5,\ 7,\ 8,\ 10,\ 11\}$
(3) $A\cap B=\{3,\ 6,\ 12\}$
(4) $\overline{A\cap B}=\{1,\ 2,\ 4,\ 5,\ 7,\ 8,\ 9,\ 10,\ 11\}$

117a (1) 真である。 (2) 真である。
(3) 偽である。反例は $n=36$

117b (1) 偽である。反例は $x=0$
(2) 偽である。反例は $x=3.5$
(3) 真である。

118a (1) 十分 (2) 必要 (3) 必要十分

118b (1) 必要 (2) 必要十分 (3) 十分

119a (1) $x\leqq -2$ (2) $x\neq 3$
(3) n は奇数である。

119b (1) $x>4$ (2) $x=-1$
(3) x は無理数である。

120a (1) $x\neq 1$ または $y\neq 3$
(2) $x\leqq 1$ または $x\geqq 3$
(3) $0<x<10$
(4) m, n はともに偶数である。

120b (1) $x=0$ または $y=0$
(2) $x\leqq 0$ または $x\geqq 1$
(3) $3\leqq x<4$
(4) m または n は偶数である。

121a (1) 逆「$x^2=25 \Longrightarrow x=5$」
これは偽である。反例は $x=-5$
裏「$x\neq 5 \Longrightarrow x^2\neq 25$」
これは偽である。反例は $x=-5$
対偶「$x^2\neq 25 \Longrightarrow x\neq 5$」
これは真である。
(2) 逆「$x^2=1 \Longrightarrow x\leqq 1$」
これは真である。
裏「$x>1 \Longrightarrow x^2\neq 1$」
これは真である。
対偶「$x^2\neq 1 \Longrightarrow x>1$」
これは偽である。反例は $x=0$

121b (1) 逆「$x\leqq 0 \Longrightarrow x<1$」
これは真である。
裏「$x\geqq 1 \Longrightarrow x>0$」
これは真である。
対偶「$x>0 \Longrightarrow x\geqq 1$」
これは偽である。反例は $x=\frac{1}{2}$
(2) 逆「$x\neq 0$ または $y\neq 0 \Longrightarrow x+y\neq 0$」
これは偽である。反例は $x=1$, $y=-1$
裏「$x+y=0 \Longrightarrow x=0$ かつ $y=0$」
これは偽である。反例は $x=1$, $y=-1$
対偶「$x=0$ かつ $y=0 \Longrightarrow x+y=0$」
これは真である。

122a (1) 対偶は「$a<0$ かつ $b<0 \Longrightarrow a+b<0$」である。
これは真であるから，もとの命題は真である。
(2) 対偶「n が偶数ならば，n^3 は偶数である。」を証明する。
n が偶数ならば，n は自然数 k を用いて $n=2k$ と表すことができる。このとき
$n^3=(2k)^3=2(4k^3)$
$4k^3$ は自然数であるから，n^3 は偶数である。
対偶が真であるから，もとの命題も真である。

122b (1) 対偶は「$x=1 \Longrightarrow x^3=1$」である。
これは真であるから，もとの命題は真である。
(2) 対偶「n が奇数ならば，$5n+1$ は偶数である。」を証明する。
n が奇数ならば，n は 0 以上の整数 k を用いて $n=2k+1$ と表すことができる。
このとき
$5n+1=5(2k+1)+1=10k+6$
$=2(5k+3)$
$5k+3$ は自然数であるから，$5n+1$ は偶数である。
対偶が真であるから，もとの命題も真である。

123a $\sqrt{5}+2$ が無理数でないと仮定すると，$\sqrt{5}+2$ は有理数であるから，有理数 a を用いて $\sqrt{5}+2=a$ と表すことができる。
これを変形すると　$\sqrt{5}=a-2$

a は有理数であるから，右辺の $a-2$ は有理数である。
これは左辺の $\sqrt{5}$ が無理数であることに矛盾する。
したがって，$\sqrt{5}+2$ は無理数である。

123b 2π が無理数でないと仮定すると，2π は有理数であるから，有理数 a を用いて $2\pi=a$ と表すことができる。

これを変形すると　$\pi=\dfrac{a}{2}$

a は有理数であるから，右辺の $\dfrac{a}{2}$ は有理数である。
これは左辺の π が無理数であることに矛盾する。
したがって，2π は無理数である。

5章　データの分析

1 節‖ データの分析

124a (1)　5点　(2)　4点　(3)　4点

124b (1)　5点　(2)　7点　(3)　5点

125a (1)

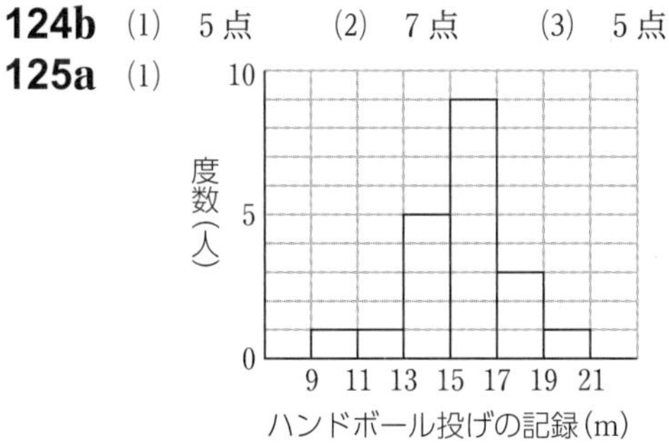

(2)

階級(m)	階級値 x	度数 f(人)	xf
9以上～11未満	**10**	1	**10**
11　～13	**12**	1	**12**
13　～15	**14**	5	**70**
15　～17	**16**	9	**144**
17　～19	**18**	3	**54**
19　～21	**20**	1	**20**
合計		20	**310**

平均値は　15.5 m

(3)　16 m

125b (1)

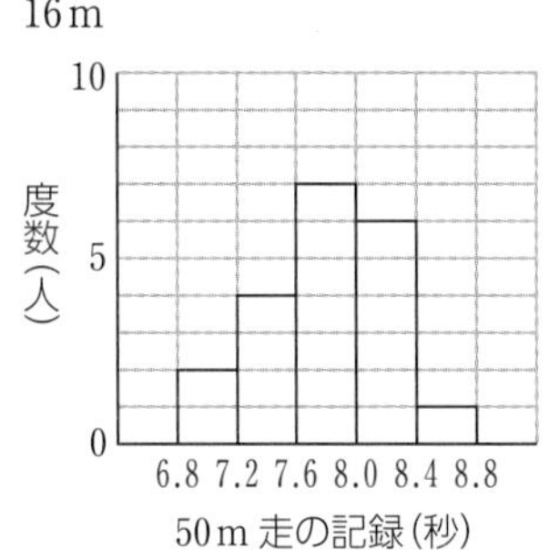

(2)

階級(秒)	階級値 x	度数 f(人)	xf
6.8以上～7.2未満	**7.0**	2	**14.0**
7.2　～7.6	**7.4**	4	**29.6**
7.6　～8.0	**7.8**	7	**54.6**
8.0　～8.4	**8.2**	6	**49.2**
8.4　～8.8	**8.6**	1	**8.6**
合計		20	**156.0**

平均値は　7.8秒

(3)　7.8秒

126a 46

126b 14

127a (1)　$Q_1=4$，$Q_2=10$，$Q_3=15$
四分位範囲は　11，四分位偏差は　$\dfrac{11}{2}$

(2)　$Q_1=2$，$Q_2=5$，$Q_3=7$
四分位範囲は　5，四分位偏差は　$\dfrac{5}{2}$

127b (1)　$Q_1=2$，$Q_2=5$，$Q_3=9$
四分位範囲は　7，四分位偏差は　$\dfrac{7}{2}$

(2)　$Q_1=3$，$Q_2=6$，$Q_3=9$
四分位範囲は　6，四分位偏差は　3

128a

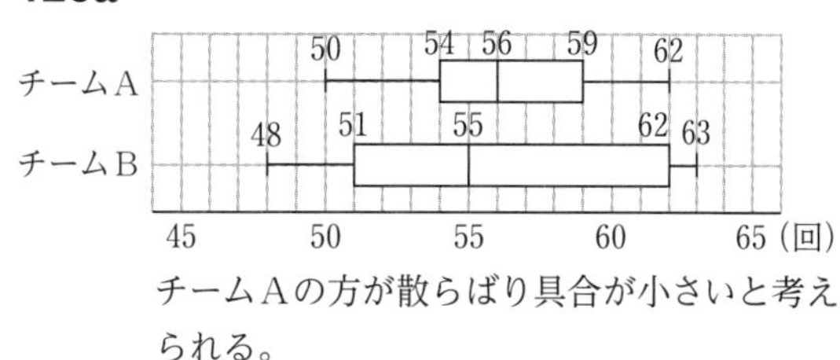

チームAの方が散らばり具合が小さいと考えられる。

128b

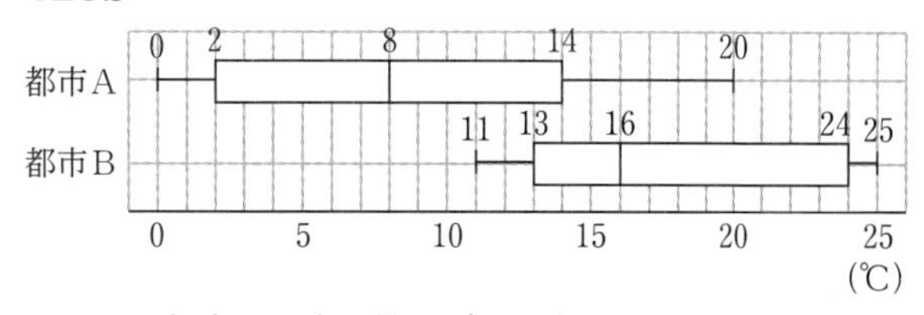

都市Bの方が散らばり具合が小さいと考えられる。

129a 外れ値は11

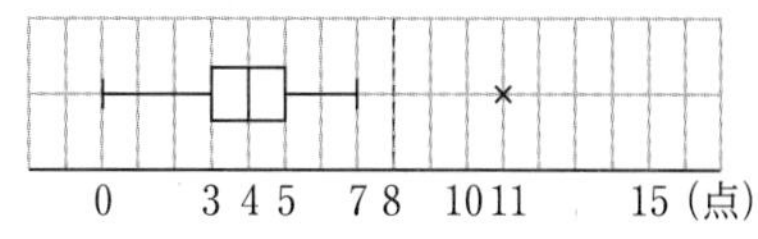

129b 外れ値は 0 と20

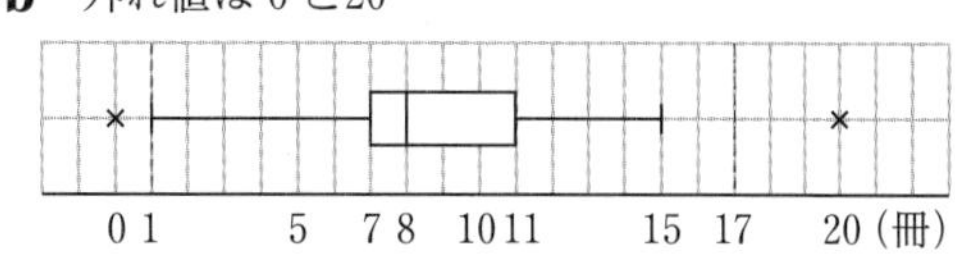

130a 分散 9，標準偏差 3 点

130b 分散11，標準偏差 3.3 m

考えてみよう 13

数学の小テストの標準偏差は 2 点で，理科の小テストの標準偏差は 3 点なので，数学の小テストの方が得点の散らばり具合は小さい。

131a (1)

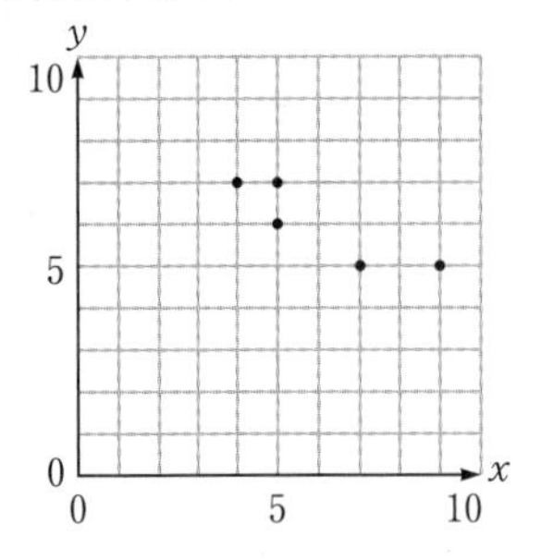

(2)

生徒	x	y	$x-\overline{x}$	$y-\overline{y}$	$(x-\overline{x})^2$	$(y-\overline{y})^2$	$(x-\overline{x})(y-\overline{y})$
A	7	5	1	−1	1	1	−1
B	4	7	−2	1	4	1	−2
C	5	7	−1	1	1	1	−1
D	9	5	3	−1	9	1	−3
E	5	6	−1	0	1	0	0
合計	30	30	0	0	16	4	−7

相関係数は −0.875

(3) 強い負の相関がある。

131b (1)

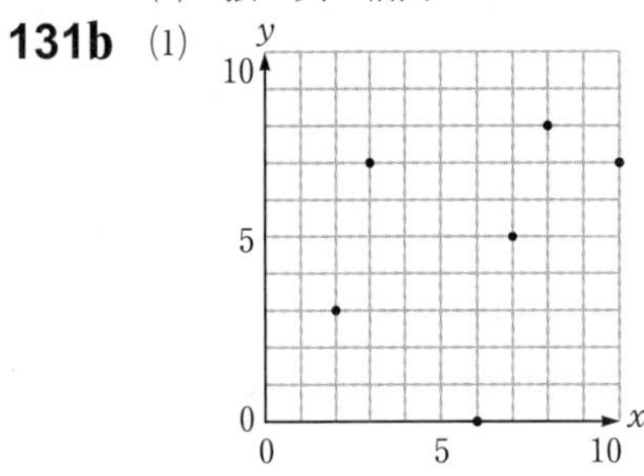

(2)

生徒	x	y	$x-\overline{x}$	$y-\overline{y}$	$(x-\overline{x})^2$	$(y-\overline{y})^2$	$(x-\overline{x})(y-\overline{y})$
A	3	7	−3	2	9	4	−6
B	7	5	1	0	1	0	0
C	6	0	0	−5	0	25	0
D	2	3	−4	−2	16	4	8
E	8	8	2	3	4	9	6
F	10	7	4	2	16	4	8
合計	36	30	0	0	46	46	16

相関係数は 0.35

(3) 弱い正の相関がある。

練習26 (1) 174.2cm　(2) 99.5 個

練習27 (1) 分散 9，標準偏差 3

(2) 分散 4，標準偏差 2

スタディ数学 I

2022年1月10日　初版　　第1刷発行

編　者　第一学習社編集部

発行者　松　本　洋　介

発行所　株式会社 第一学習社

東京：東京都千代田区二番町5番5号　〒102-0084　☎03-5276-2700
大阪：吹田市広芝町8番24号　〒564-0052　☎06-6380-1391
広島：広島市西区横川新町7番14号　〒733-8521　☎082-234-6800

札　幌☎011-811-1848　仙台☎022-271-5313　新潟☎025-290-6077
つくば☎029-853-1080　東京☎03-5803-2131　横浜☎045-953-6191
名古屋☎052-769-1339　神戸☎078-937-0255　広島☎082-222-8565
福　岡☎092-771-1651

訂正情報配信サイト　26878-01
❶利用については，先生の指示にしたがってください。
❷利用に際しては，一般に，通信料が発生します。

https://dg-w.jp/f/359d1

書籍コード　26878-01

＊落丁，乱丁本はおとりかえいたします。
解答は個人のお求めには応じられません。

ISBN978-4-8040-2687-9

ホームページ　http://www.daiichi-g.co.jp/

平方・立方・平方根の表

n	n^2	n^3	$\sqrt{n}$	$\sqrt{10n}$	n	n^2	n^3	$\sqrt{n}$	$\sqrt{10n}$
1	1	1	1.0000	3.1623	**51**	2601	132651	7.1414	22.5832
2	4	8	1.4142	4.4721	**52**	2704	140608	7.2111	22.8035
3	9	27	1.7321	5.4772	**53**	2809	148877	7.2801	23.0217
4	16	64	2.0000	6.3246	**54**	2916	157464	7.3485	23.2379
5	25	125	2.2361	7.0711	**55**	3025	166375	7.4162	23.4521
6	36	216	2.4495	7.7460	**56**	3136	175616	7.4833	23.6643
7	49	343	2.6458	8.3666	**57**	3249	185193	7.5498	23.8747
8	64	512	2.8284	8.9443	**58**	3364	195112	7.6158	24.0832
9	81	729	3.0000	9.4868	**59**	3481	205379	7.6811	24.2899
10	100	1000	3.1623	10.0000	**60**	3600	216000	7.7460	24.4949
11	121	1331	3.3166	10.4881	**61**	3721	226981	7.8102	24.6982
12	144	1728	3.4641	10.9545	**62**	3844	238328	7.8740	24.8998
13	169	2197	3.6056	11.4018	**63**	3969	250047	7.9373	25.0998
14	196	2744	3.7417	11.8322	**64**	4096	262144	8.0000	25.2982
15	225	3375	3.8730	12.2474	**65**	4225	274625	8.0623	25.4951
16	256	4096	4.0000	12.6491	**66**	4356	287496	8.1240	25.6905
17	289	4913	4.1231	13.0384	**67**	4489	300763	8.1854	25.8844
18	324	5832	4.2426	13.4164	**68**	4624	314432	8.2462	26.0768
19	361	6859	4.3589	13.7840	**69**	4761	328509	8.3066	26.2679
20	400	8000	4.4721	14.1421	**70**	4900	343000	8.3666	26.4575
21	441	9261	4.5826	14.4914	**71**	5041	357911	8.4261	26.6458
22	484	10648	4.6904	14.8324	**72**	5184	373248	8.4853	26.8328
23	529	12167	4.7958	15.1658	**73**	5329	389017	8.5440	27.0185
24	576	13824	4.8990	15.4919	**74**	5476	405224	8.6023	27.2029
25	625	15625	5.0000	15.8114	**75**	5625	421875	8.6603	27.3861
26	676	17576	5.0990	16.1245	**76**	5776	438976	8.7178	27.5681
27	729	19683	5.1962	16.4317	**77**	5929	456533	8.7750	27.7489
28	784	21952	5.2915	16.7332	**78**	6084	474552	8.8318	27.9285
29	841	24389	5.3852	17.0294	**79**	6241	493039	8.8882	28.1069
30	900	27000	5.4772	17.3205	**80**	6400	512000	8.9443	28.2843
31	961	29791	5.5678	17.6068	**81**	6561	531441	9.0000	28.4605
32	1024	32768	5.6569	17.8885	**82**	6724	551368	9.0554	28.6356
33	1089	35937	5.7446	18.1659	**83**	6889	571787	9.1104	28.8097
34	1156	39304	5.8310	18.4391	**84**	7056	592704	9.1652	28.9828
35	1225	42875	5.9161	18.7083	**85**	7225	614125	9.2195	29.1548
36	1296	46656	6.0000	18.9737	**86**	7396	636056	9.2736	29.3258
37	1369	50653	6.0828	19.2354	**87**	7569	658503	9.3274	29.4958
38	1444	54872	6.1644	19.4936	**88**	7744	681472	9.3808	29.6648
39	1521	59319	6.2450	19.7484	**89**	7921	704969	9.4340	29.8329
40	1600	64000	6.3246	20.0000	**90**	8100	729000	9.4868	30.0000
41	1681	68921	6.4031	20.2485	**91**	8281	753571	9.5394	30.1662
42	1764	74088	6.4807	20.4939	**92**	8464	778688	9.5917	30.3315
43	1849	79507	6.5574	20.7364	**93**	8649	804357	9.6437	30.4959
44	1936	85184	6.6332	20.9762	**94**	8836	830584	9.6954	30.6594
45	2025	91125	6.7082	21.2132	**95**	9025	857375	9.7468	30.8221
46	2116	97336	6.7823	21.4476	**96**	9216	884736	9.7980	30.9839
47	2209	103823	6.8557	21.6795	**97**	9409	912673	9.8489	31.1448
48	2304	110592	6.9282	21.9089	**98**	9604	941192	9.8995	31.3050
49	2401	117649	7.0000	22.1359	**99**	9801	970299	9.9499	31.4643
50	2500	125000	7.0711	22.3607	**100**	10000	1000000	10.0000	31.6228